普通高等教育智慧海洋技术系列教材

海洋机器人设计

主 编 曹 建
副主编 庄佳园 孙寒冰

科学出版社
北 京

内 容 简 介

本书阐述了海洋机器人总体设计的原理、过程和方法。全书共 6 章，内容包括：海洋机器人的概述、海洋基础知识、海洋机器人原理、海洋机器人方案设计、海洋机器人结构设计、海洋机器人辅助及支持系统。本书在基础知识、基本原理的基础上，介绍海洋机器人设计流程，帮助读者掌握如何针对任务需求完成海洋机器人总体设计。

本书可作为海洋机器人专业及相关专业的本科生教材，以及高等院校相关专业的教师、高年级学生及研究生参考书，也可供从事海洋机器人总体设计研究及应用的科技人员、行业相关技术人员阅读和参考。

图书在版编目(CIP)数据

海洋机器人设计 / 曹建主编. -- 北京 : 科学出版社, 2024.12. (普通高等教育智慧海洋技术系列教材). -- ISBN 978-7-03-081064-9

Ⅰ. TP242.3

中国国家版本馆 CIP 数据核字第 20257570B7 号

责任编辑：朱晓颖　张丽花 / 责任校对：刘　芳
责任印制：师艳茹 / 封面设计：马晓敏

科 学 出 版 社 出版
北京东黄城根北街 16 号
邮政编码：100717
http://www.sciencep.com

三河市骏杰印刷有限公司印刷
科学出版社发行　各地新华书店经销
*
2024 年 12 月第 一 版　　开本：787×1092　1/16
2024 年 12 月第一次印刷　　印张：11
字数：260 000

定价：59.00 元
(如有印装质量问题，我社负责调换)

前　言

2017年以来，教育部积极推进新工科建设，先后形成了"复旦共识""天大行动""北京指南"的建设理念，并发布了《关于开展新工科研究与实践的通知》《关于推荐新工科研究与实践项目的通知》，全力探索形成领跑全球工程教育的中国模式、中国经验，助力教育强国建设。哈尔滨工程大学积极参与新工科建设，结合自身办学特色，于2018年成功申请获批全国首个海洋机器人本科专业，并形成了相应的培养计划和课程体系，"海洋机器人设计"是该专业的一门独具特色的必修课。本书是遵照该课程教学的基本要求，充分结合海洋机器人国内外的发展现状和趋势，系统梳理海洋机器人技术体系和知识结构，根据编者多年来从事教学实践和海洋机器人研究工作的经验编写的。

党的二十大报告提出："以国家战略需求为导向，集聚力量进行原创性引领性科技攻关，坚决打赢关键核心技术攻坚战。"在当今海洋强国战略的大背景下，海洋机器人作为海洋科技领域的关键力量，对于维护国家海洋权益、开发海洋资源、保护海洋环境等具有至关重要的作用，其设计与研发更是成为了科技创新的前沿阵地。

本书针对水面无人艇、水下机器人等不同类型海洋机器人，分别讲解海洋机器人基本原理及设计要点，建立学生对海洋机器人的整体知识框架，具有以下特色：①水面、水下兼顾，为读者呈现一个全面而系统的海洋机器人设计知识体系，有助于读者全面掌握海洋机器人设计的核心知识点和关键技术；②理论、实践结合，通过介绍海洋机器人设计流程及案例分析，在深入浅出贯穿设计原理与方法的同时，帮助读者将抽象的理论知识转化为实际的设计能力，培养解决实际问题的能力。

本书共6章。第1章介绍海洋机器人的基本概念、分类、发展史、特性及新型海洋机器人并总结其发展趋势；第2章介绍海洋基础知识，包括开发海洋的意义、海洋环境知识、海洋的重要经济意义与军事意义，以及海洋机器人应用实例；第3章介绍海洋机器人原理，针对水面无人艇，重点介绍几何特征、浮性、稳性、阻力，针对水下机器人，重点介绍浮性、稳性、重量特征、浮力特征、阻力、推进等；第4章介绍水面无人艇、自主水下机器人方案设计及性能估算；第5章介绍水面无人艇、水下机器人的结构设计流程及方法；第6章介绍海洋机器人辅助及支持系统，包括水下机器人浮性调节系统、无动力潜浮驱动系统、应急系统，以及水面无人艇和自主水下机器人的海上布放回收方式等。本书第1、4、6章由曹建、庄佳园合作编写，第2章由曹建编写，第3、5章由曹建、孙寒冰合作编写。另外，编者依托智慧树平台构建"海洋机器人设计"AI课程（免登录网址：http://t.zhihuishu.com/0LleRwAj），提供课程图谱、问题图谱与能力图谱等，供读者从多维度、多层面理解知识点。

课程图谱
学习演示

本书的出版，首先要感谢哈尔滨工程大学智能海洋航行器技术全国重点实验室的全体同仁，他们30年来在海洋机器人领域所积累的工作经验为本书的编写提供了大量的材料。特别感谢苏玉民、庞永杰、李晔教授给予的大力支持。在本书编写过程中还得到了徐硕、边泽宇、刘朋来、田毅仁、李翱等研究生的帮助,在此一并表示感谢。本书还参考了哈尔滨工程大学张铁栋、李云波、石德新、王晓天、许维军、李陈峰和上海交通大学朱继懋等教授的教材与专著,其中许多同志是编者的老师和前辈,在此向他们表示深深的感谢。

由于编者水平有限,若书中存有疏漏之处,恳望读者批评指正。

编 者

2024 年 12 月

目 录

第1章 概述 ... 1
1.1 海洋机器人基本概念 ... 1
1.2 海洋机器人分类 ... 3
1.3 海洋机器人发展史 ... 4
1.3.1 遥控水下机器人发展史 ... 4
1.3.2 自主水下机器人发展史 ... 5
1.3.3 水面无人艇发展史 ... 6
1.4 海洋机器人特性 ... 7
1.4.1 遥控水下机器人 ... 8
1.4.2 自主水下机器人 ... 8
1.4.3 水面无人艇 ... 9
1.5 新型海洋机器人 ... 11
1.5.1 水下滑翔机 ... 11
1.5.2 波浪滑翔器 ... 12
1.5.3 自主/遥控水下机器人 ... 13
1.5.4 两栖跨介质航行器 ... 13
1.5.5 多航态无人艇 ... 14
1.6 海洋机器人发展趋势 ... 14
思考题 ... 15

第2章 海洋基础知识 ... 16
2.1 海洋的价值 ... 16
2.1.1 海洋的科学价值 ... 16
2.1.2 海洋的经济价值 ... 18
2.2 海洋环境知识 ... 20
2.2.1 海底地形 ... 20
2.2.2 流体动力环境 ... 21
2.2.3 海洋水文环境 ... 23
2.3 海洋对于中国的重要经济意义 ... 28
2.4 海洋对于中国的重要军事意义 ... 29
2.5 海洋机器人应用举例 ... 30
2.5.1 海洋资源开发 ... 30
2.5.2 海洋科学研究 ... 31

            2.5.3 军事应用 ·· 32
    思考题 ··· 32

第3章 海洋机器人原理 ··· 33
3.1 水面无人艇原理 ··· 33
        3.1.1 水面无人艇几何特征 ·· 33
        3.1.2 水面无人艇浮性 ··· 36
        3.1.3 水面无人艇稳性 ··· 40
        3.1.4 水面无人艇阻力 ··· 45
3.2 水下机器人原理 ··· 57
        3.2.1 水下机器人主要技术指标参数 ··· 57
        3.2.2 水下机器人浮性 ··· 59
        3.2.3 水下机器人稳性 ··· 62
        3.2.4 水下机器人重量特征 ·· 63
        3.2.5 水下机器人相对比重量 ·· 65
        3.2.6 水下机器人浮力特征 ·· 74
        3.2.7 水下机器人阻力 ··· 78
        3.2.8 水下机器人推进 ··· 89
    思考题 ··· 92

第4章 海洋机器人方案设计 ··· 93
4.1 水面无人艇方案设计 ·· 93
        4.1.1 系统组成 ··· 93
        4.1.2 艇体主尺度的确定 ·· 95
        4.1.3 艇型选择 ··· 98
        4.1.4 能源与动力 ··· 99
        4.1.5 推进与操纵 ··· 100
        4.1.6 总布置设计 ··· 103
4.2 自主水下机器人方案设计 ··· 104
        4.2.1 系统组成 ··· 105
        4.2.2 艇型选择 ··· 106
        4.2.3 排水量及主尺度估算 ··· 108
        4.2.4 能源与动力 ··· 109
        4.2.5 推进与操纵 ··· 113
        4.2.6 总布置设计 ··· 119
4.3 海洋机器人性能估算 ·· 120
        4.3.1 有效马力估算 ··· 120
        4.3.2 续航力估算 ··· 121
    思考题 ··· 124

第5章 海洋机器人结构设计 125
5.1 水面无人艇结构设计 125
5.1.1 结构材料 125
5.1.2 结构形式 125
5.1.3 结构设计 126
5.2 水下机器人结构划分与组成 127
5.3 水下机器人耐压舱设计 129
5.3.1 耐压舱设计过程 129
5.3.2 圆柱形耐压壳设计 133
5.3.3 球形耐压壳设计 144
5.4 水下机器人非耐压结构 146
5.4.1 外形与结构形式 146
5.4.2 材料选择 147
5.4.3 设计要求 147
5.5 结构防腐蚀设计 148
5.5.1 防腐蚀设计的概念和基本方法 148
5.5.2 涂层保护法 149
5.5.3 电化学保护法 149
5.5.4 减轻腐蚀的结构设计 150
思考题 151

第6章 海洋机器人辅助及支持系统 152
6.1 水下机器人浮性调节系统 152
6.1.1 重力/浮力调节 152
6.1.2 姿态调节 155
6.2 水下机器人无动力潜浮驱动系统 158
6.2.1 无动力潜浮驱动条件 158
6.2.2 可重复驱动方式 158
6.2.3 不可重复驱动方式 160
6.3 自主水下机器人应急系统 160
6.4 海洋机器人海上布放回收 161
6.4.1 水面无人艇布放回收 161
6.4.2 自主水下机器人布放回收 163
思考题 165

思考题参考答案 166

参考文献 167

第1章 概　　述

微课

1.1 海洋机器人基本概念

国际标准化组织采纳美国机器人工业协会给机器人下的定义，即"一种可编程和多功能的，用来搬运材料、零件、工具的操作机；或是为了执行不同的任务而具有可改变和可编程动作的专门系统"。

由于研究的侧重点不同，国际上对于机器人的定义尚没有明确统一的标准，但对其概念认同逐渐趋近一致：机器人是靠自身动力和控制能力来自动实现各种功能的一种机器装置，它既可以接受人类指挥，又可以运行预先编排的程序，也可以根据以人工智能技术制定的原则纲领行动。它的任务是协助或取代人类的(部分)工作。

根据这一被人们普遍接受的概念，将海洋机器人定义为，依靠自身动力，通过编程等手段可以在海洋环境中自动完成观察、测量、取样、操作等任务，且可重复使用的无人系统。

这一概念中包含以下三个特征要素。

(1) 海洋环境：限定了机器人的运行环境。

(2) 有动力：海洋机器人在没有外力驱动下就能实现移动和动作，且移动和动作是能受机器人自主控制的。

(3) 自动/无人：海洋机器人在没有人员直接操作的前提下，依靠自身搭载的设备就能完成相应工作。按照是否有人直接参与决策，分为两个层次：

① 遥控——接收人直接下达的指令完成相应的动作或工作；

② 自主——在没有人直接参与的情况下，利用在线获取的环境和状态信息，按照预先设定的规则或根据人工智能技术制定的原则纲领，独立做出决策并执行。

在此基础上，参照陆地机器人(unmanned ground vehicle，UGV)和空中机器人(unmanned aerial vehicle，UAV)，可以给出海洋机器人的英文全称：unmanned marine vehicle(简称 UMV)，其中 unmanned 对应"无人"，marine 对应"海洋环境"，vehicle 对应"有动力"。

绝大多数海洋机器人通常不是人们想象的具有人形的机器，其外形更多是像鱼雷/潜艇(图1-1)，或海洋生物(图1-2)，或水面船(艇)(图1-3)，或飞行器(图1-4)，或陆地车(图1-5)等。

通常情况下，海洋机器人主要指以下三种。

(1) 遥控水下机器人(remotely operated vehicle，ROV)，是一种可长期潜入水下、依靠脐带缆接收能源并与母船交互信息、利用自带推进器实现水中移动的水下无人航行器，通过配置机械手、水下摄像机等任务载荷，以遥控的方式执行人在回路控制下的水下操作、抵近观察等作业任务。

图 1-1 哈尔滨工程大学"橙鲨"自主水下机器人

图 1-2 哈尔滨工程大学仿金枪鱼水下机器人

图 1-3 哈尔滨工程大学"天行一号"水面无人艇

图 1-4　哈尔滨工程大学"长弓 2 号"水空两栖机器人

图 1-5　哈尔滨工程大学足桨式多模态水陆两栖机器人

(2) 自主水下机器人(autonomous underwater vehicle，AUV)，是一种具有水下自主导航和控制能力、依靠自带能源和推进器实现水中移动的水下无人航行器，通过配置相应任务载荷，可潜入水下自主执行任务。

(3) 水面无人艇(unmanned surface vehicle，USV)，是一种具有自主导航和控制能力、依靠自带能源和推进器实现水面移动的水面无人航行器，通过配置相应任务载荷，可在水面自主航行并执行任务。

其中，ROV 与 AUV 最主要的区别是 ROV 上有一根脐带缆，脐带缆一端连接 ROV 本体，另一端与水面支持系统连接。

1.2　海洋机器人分类

按工作环境，海洋机器人可分为水下机器人(unmanned underwater vehicle，UUV)、水面无人艇和跨域机器人，如图 1-6 所示。其中，跨域机器人又可分为水空跨域机器人、潜空跨域机器人和水陆两栖机器人，是近年来开始发展的一类新型海洋机器人。

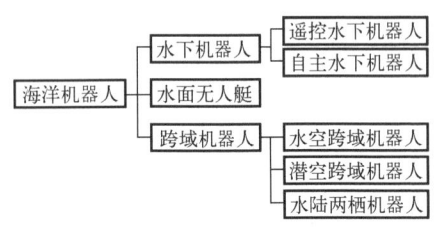

图 1-6 海洋机器人典型分类

按控制方式,海洋机器人可分为遥控式海洋机器人和自主式海洋机器人。其中,遥控式海洋机器人又可分为有缆遥控(如 ROV)和无缆遥控。

海洋机器人还可以按其他方式分类:按所使用的能源类型,可以分为电池能源类、燃料发动机类、环境能类等;按航行驱动方式,可以分为螺旋桨推进、喷水推进、仿生推进、环境能驱动等;按任务类型,可以分为观察型、探测型、运输型、攻击型、作业型等;按结构形式,可以分为单体、双体、多体等;按排水量,可以分为小型、中型、大型、超大型等。

1.3 海洋机器人发展史

由于 ROV、AUV 和 USV 发展最早、技术相对最成熟、应用最广泛,本书主要介绍这三种海洋机器人的发展历史。

1.3.1 遥控水下机器人发展史

遥控水下机器人(ROV)是人类最早开发和应用的无人潜水器,F.Busby R 等学者认为第一个 ROV 很可能是 1853 年由 Dimitri Rebikoff 制造的名为 POODLE 的潜水器(张淏酥 等,2023),但其对 ROV 历史的影响微乎其微。20 世纪 50 年代,为寻找水下目标、观察神秘的海底世界,美国研究人员把摄像机密封起来送到海底,这就是现代 ROV 的雏形。1960 年,美国成功研制出了世界上首台现代意义上的 ROV——CURV(许竞克 等,2011)。1966 年,CURV 与载人潜水器 Alvin 号配合,在西班牙外海 869m 深处找到了一颗失落在海底的氢弹,引起了极大轰动,从此,ROV 技术开始引起人们重视。由于军事及海洋油气资源开发的需求,以及电子、计算机、材料等技术的发展,20 世纪 70 年代到 80 年代,ROV 技术迅猛发展。1975 年,世界上第一台商业化 ROV——RCV-125 问世(黄明泉 等,2021),此后全球范围内的 ROV 数量快速增长,从 1974 年底的 20 多台快速增加到 1982 年的 500 多台,其中 90% 以上用来为海洋油气资源开发服务。

20 世纪 90 年代末期,ROV 进入了成熟期,全球已经有超过 100 家的制造商。ROV 已经可以在深海中完成很多复杂的作业任务,全球大部分海洋里都有 ROV 作业的身影,其中最具代表性的当属日本研制的全海深 ROV "海沟"(KAIKO)号(桑恩方 等,2003)。1995 年 3 月,KAIKO 号下潜至马里亚纳海沟 10911.4m 底部,创造了当时 ROV 的潜深世界纪录(桑恩方 等,2003)。截至 2003 年,KAIKO 号共进行了超过 20 次的万米下潜任务,是当时世界上唯一能下潜到 11000m 级水底的深海探测器。2003 年 5 月,KAIKO 号在日本高知地区 Moroto 海角东南方向约 130km 的 Nankai 峡谷 4675m 深度完成深海作业任务后,因为中继器与 ROV 本体之间连接的二级脐带缆突然断裂而丢失。

我国从 1979 年才开始 ROV 研制工作。1980 年,蒋新松院士提出"结合中国国情,把特殊环境下工作的机器人作为中国机器人技术发展的突破口",把"智能机器人在海洋中的应用"作为研究重点,选择"海人一号"ROV作为发展水下机器人的具体目标。1985年12月,由中国科学院沈阳自动化研究所牵头,联合上海交通大学研制的潜深200m的"海人一号"ROV在大连首航成功,其可以连续在水下进行取样、切割、焊接作业,技术上达到20世纪80年代世界同类产品的水平(梁波 等,2022)。

因深海装备研发投入大、风险高、周期长,直到进入21世纪,我国的ROV技术才有了快速发展,与国际先进水平的差距也开始逐渐缩小。2009年10月,我国研制的3500m潜深的"海龙2号"ROV,在东太平洋海隆2700m深的"鸟巢"黑烟囱区观察到罕见的巨大"黑烟囱"(高度26m,直径约4.5m),并用机械手准确抓获约7kg黑烟囱喷口硫化物样品,标志着我国成为国际上少数能使用水下机器人开展洋中脊热液调查和取样的国家之一(胡浩,2010)。2014年4月,上海交通大学研制的潜深4500m级的"海马"号ROV成功完成南海海试。2018年10月,中国科学院沈阳自动化研究所研制的"海星6000"ROV完成首次科考应用任务,最大下潜深度突破6000m,创造了我国ROV最大下潜与作业深度纪录(曹宏涛 等,2021)。

1.3.2 自主水下机器人发展史

1957年,第一台真正意义的AUV——SPURV在美国华盛顿大学研制成功(黄琰 等,2020),该AUV设计潜深3000m,主要用于北极水域水文调查(Sanjana,2019)。SPURV的研制成功,标志着AUV时代的开始。自此之后,越来越多的AUV开始出现。1977年,法国建造了世界上第一艘潜深6000m级的AUV——"逆戟鲸"(Epaulard)号,自1981年开始,Epaulard号AUV五年内水下累计航行超过805km,拍下了20万张照片(Copros et al., 2011)。20世纪80年代中期之前,AUV技术还处于初级阶段,碍于电子技术等的不足,技术进步相对缓慢,此时的AUV缺点也十分明显,包括体型过大、造价太高、效率太低等,而同时期的ROV技术相对简单、稳定,更适合实际环境应用。然而,AUV的研究是开创性的,实现了从无到有。

20世纪80年代末期开始,随着电子产业、计算机技术、导航设备小型化、材料技术等的迅猛发展,AUV初步实现了小型化、智能化。由于AUV没有线缆的限制,在水下作业时更加灵活,因此再次受到了军方和海洋界的重视,AUV技术从此进入快速发展阶段。21世纪初期,一批有影响的AUV相继研制成功,如美国的REMUS和Bluefin系列、挪威的HUGIN系列、加拿大的Theseus、英国的Autosub系列等(黄琰 等,2020)。

美国伍兹霍尔海洋研究所(WHOI)从2001年相继研制成功REMUS 100、REMUS 600和REMUS 6000。2003年,REMUS 100被美军成功用于伊拉克战争的反水雷作战,开创了微小型AUV参加实战的先河(Adams et al., 2013)。2009年6月,法国航空公司AF447航班在大西洋失事,2011年4月,REMUS 6000成功发现了两年前在大西洋坠毁的AF447航班,随后与ROV和载人潜水器配合,确认并完成了对航班残骸的打捞(陈开权,2014)。

挪威Kongsberg公司从20世纪80年代开始研究AUV,1987年开发出第一台AUV Simrad。1996年,Kongsberg公司同挪威国家石油公司(Statoil)合作,开发出世界上第一台用于海底石油管线巡检的HUGIN Ⅰ AUV,随后开发出3000m级的HUGIN 3000,后者从2002年开始用于墨西哥湾、非洲西海岸等地的海洋油气田调查,截至2007年,其累计探测距离超过 15 万千米,是目前商业应用最成功的 AUV(佚名,2009)。

加拿大 ISE(International Submarine Engineering)公司和加拿大国防部于 1992 年开始合作研制大型 AUV——Theseus,用于北极冰下光纤铺设任务,该 AUV 直径 1.27m,长 10.7m,重 8.6t,搭载 360kW·h 银锌电池,可以 3.7kn 航速航行 920km。1996 年 4 月,Theseus 顺利完成北极冰下光纤铺设任务,冰下连续航行距离超过 300km,是世界上冰下连续航行时间最长的 AUV(Ferguson,1998)。

英国 Autosub 系列 AUV 由英国国家海洋学中心(National Oceanography Centre)开发,该项目始于 20 世纪 90 年代,目的是开发用于海洋科学研究,特别是在极地和深海环境中的 AUV。2001 年,Autosub Ⅱ 成功用于研究南极冰下磷虾的分布情况以及船只对其活动的影响(Dowdeswell et al.,2008)。2005 年,科学家又利用 Autosub Ⅱ 对南极芬布尔冰架下复杂的水文环境进行观察,得出了需要重新评估冰架融化对淡水平衡影响的结论。两次应用,开创了 AUV 南极冰下科考的先河(Dowdeswell et al.,2008)。

日本 AUV 技术同样处于世界前列。1990 年,日本东京大学与三井造船株式会社联合研制了采用闭式循环发动机动力的 R-One(Ura et al.,1999)。21 世纪初期,双方又联合研制了 R2D4,是当时最先采用锂电池能源的 AUV 之一(Kim et al.,2014)。2003 年,日本海洋科学技术中心(JAMSTEC)与三菱重工联合研制出了世界第一艘采用氢氧燃料电池动力的深海 AUV——Urashima 并完成了海上试验(Aoki et al.,2003)。

我国 AUV 研制始于 20 世纪 90 年代初期。1994 年,中国科学院沈阳自动化研究所与国内多家单位合作研制了我国首台 AUV——"探索者"号,并成功在我国西沙海域完成了 1000m 下潜任务(李硕 等,2018)。1995 年,在"探索者"号 AUV 的基础上,中国科学院沈阳自动化研究所牵头国内多家研究机构,同俄罗斯共同研制了我国首台 6000m 级 AUV——CR-01,并于 1995 年和 1997 年先后两次成功用于太平洋海底锰结核调查应用中(李硕 等,2018)。自此,我国实现了 6000m 水深条件下作业的能力,跻身于世界先进行列。2018 年 4 月,中国科学院沈阳自动化研究所研制的"潜龙三号"创下我国 AUV 深海航程最远记录——在 3850m 处深海累计航行 42h 48min、航程 156.82km(舒珺,2018)。

哈尔滨工程大学从 20 世纪 90 年代初期开始研究 AUV 技术,是国内最早开展 AUV 技术研究的单位之一,先后研制了"智水"系列和"微龙"系列 AUV。2015 年,该校参与研制的"海灵"号 AUV 在南海 40m 深度水下连续航行了 40h 50min,连续航行距离 249km。2020 年,哈尔滨工程大学成功研制了全海深 AUV——"悟空"号,并于当地时间 2021 年 11 月 6 日在马里亚纳海沟"挑战者"深渊完成 10896m 深潜,刷新 AUV 下潜深度记录。2023 年 9 月,该校研制的"星海 1000"号极地 AUV 成功在北冰洋开展了冰下观测试验。

1.3.3 水面无人艇发展史

水面无人艇(USV)发展至今虽已有 80 多年的历史,但相较于无人机、无人车系统,无人艇还是一个较为陌生的无人系统平台。在俄乌冲突中,无人艇的优异表现提升了世界各国海军对这一装备的兴趣。

无人艇最早可以追溯到 1898 年,发明家尼古拉·特斯拉发明了一艘名为 Wireless

Robot 的遥控艇。无人艇第一次被应用于实战是在 1944 年盟军诺曼底登陆期间,运载有大量烟雾剂的无人艇按照预定航向前往特定海域,造成登陆的假象。1946 年,美国在测试核爆的"十字路口行动"中开始使用无人艇对核弹爆炸区域进行水体取样,检查水体的放射性。

20 世纪五六十年代,用作靶标和扫雷的无人艇相继出现,但仅限于在有人平台的遥控范围内进行水面作业,同时期,苏联也开发了用于向敌舰发动自杀式攻击的小型遥控无人艇。20 世纪 70 年代,无人艇开始被美军应用于反水雷系统中,该系统由一艘母船和若干无人艇组成。由于技术限制,这期间的无人艇仍然以遥控为主,自主航行技术尚未获得突破。

20 世纪 90 年代,随着技术的发展,真正意义上的无人艇开始出现。例如,美国海军开发的具有自我防御功能的 Roboski 号无人艇上搭载了若干任务传感器,初步具备了沿海作战能力。2002 年,美国海军开始研制具有模块化、可重构、多任务、高速、半自主航行能力的 Spartan Scout 号无人艇。2005 年,以色列 Elbit 公司推出了具有海岸目标识别、自主巡逻、电子战等功能的"黄貂鱼"(Stingary) 号无人艇。

21 世纪初期至今,随着计算机、控制、导航、通信等技术的进步,无人艇技术得到了快速发展,其自主性、工作性能显著提升,并向智能化方向发展。美国等军事强国高度重视无人艇技术发展,持续大力投入,相继开发了"海上猎人"(Sea Hunter) 无人艇、"保护者"(Protector) 无人艇等,并开始在情报侦察、反水雷、反潜等领域发挥重要作用。

"海上猎人"无人艇由美国国防高级研究计划局 (DARPA) 和海军联合研制,并于 2016 年下水,主要用于海上反潜追踪和侦测,是当时世界上最大的水面无人艇。"海上猎人"无人艇长 39.6m、满载排水量接近 150t、实测最大航速达 31kn,以 12kn 航速可航行 10000n mile,设计续航力 2~3 个月,可在 4 级海况下稳定工作。

国内水面无人艇的研究起步较晚,进入 21 世纪之后才开始相关研究工作。

2008 年,沈阳航天新光集团与中国气象局大气探测技术中心共同研制成功了我国首艘无人驾驶海上气象探测船——"天象一号",填补了我国海洋气象动态探测平台的空白。

2012 年,哈尔滨工程大学研制的 XL 号无人艇搭载了雷达、红外视觉、光视觉等传感器,成功实现了在复杂障碍与动态目标环境下的高速避碰航行。

2013 年,珠海云州智能科技有限公司正式推出了内河级城市水域无人艇样机,是国产无人艇产业化的首次尝试。

目前,从全球视角来看,水面无人艇应用主要聚焦在国防领域,但随着各国对海洋战略的重视及海洋开发力度的加大,无人艇必将在民用领域扮演越来越重要的角色。随着人工智能、信息技术、网络技术等的进步,无人艇相关研究必将出现新的突破,对人类海上军事活动、海洋开发建设等产生更深远的影响。

1.4 海洋机器人特性

海洋机器人特性是一系列性能参数的集合,通过这些参数,能够勾勒出海洋机器人完成实际任务的能力边界。

由于海洋机器人种类繁多，下面以三种传统海洋机器人为例来介绍其主要特性。

1.4.1 遥控水下机器人

描述 ROV 任务能力的主要特性参数有以下几种。

(1) 最大工作深度。

ROV 的最大工作深度是指其能够长期安全有效运行的最大水深。这一特性对于其能否胜任深海勘探、海底资源开发、科学研究等领域非常重要。

(2) 作业能力。

ROV 的作业能力是指其在水下执行各种任务的能力。这些任务可以是搭载探测设备进行抵近观测，如搭载摄像机观察珊瑚礁；也可以是搭载作业工具进行水下操作作业，如搭载机械手抓取海底岩石样本、维修海底管线、打捞水下目标等。ROV 的作业能力除与搭载的任务载荷直接相关，还取决于其技术特性（如机动能力等）及操作人员的技能。

(3) 速度。

ROV 的速度主要用来表征其在水中移动的快慢，通常以静水条件下在单位时间内的水中最大移动距离来衡量。由于 ROV 不只具备一个方向的机动能力，在描述速度指标时必须要指明运动方向，如纵向速度、垂向速度和横向速度。一般来说，ROV 的速度比较慢，该指标要求主要是为了满足有海流情况下仍能稳定作业，而不是快速移动。

(4) 机动能力。

ROV 的机动能力是指其在水下环境中移动和操纵的能力，如横向移动、垂向移动、原地回转、原地悬停、控制纵倾和横倾等。这涉及 ROV 在水下空间运动的灵活性，以及对具体任务的适应性。

(5) 抗流能力。

ROV 的抗流能力是指其在水下有海流环境中仍能保持稳定状态运行和作业的能力。在海洋环境中，水流流速可能会比较大，会对 ROV 的操作造成挑战，抗流能力表征了 ROV 的海流环境适应性。一般用 ROV 艇体坐标系下不同方向最大抗流流速来描述这一指标。

1.4.2 自主水下机器人

AUV 主要特性参数包括以下几种。

(1) 最大工作深度。

AUV 的最大工作深度是指其能够安全航行并正常执行任务的最大水下深度，是 AUV 最重要的参数之一。对于不同用途的 AUV，其最大工作深度会有所不同。最大工作深度主要取决于 AUV 的结构设计和制造特性，同时也与 AUV 静水力特性、操纵性、运动控制能力乃至水下导航定位能力相关。目前，AUV 常见的深度等级主要有 100m 级、300m 级、600m 级、1000m 级、3000m 级和 6000m 级。

(2) 航速。

AUV 的航速参数主要是巡航速度和最大航速，是评价 AUV 作业能力的重要指标参数，通常以节(kn)或米每秒(m/s)为单位，1kn≈0.5144m/s。

AUV 的巡航速度是指其在水下长时间稳定航行时设定的一个恒定速度，该设定值是基于设备性能、任务需求、环境条件等多种因素的综合考虑结果，一般是指 AUV 完成某一任务时的最节能或最佳任务效率航速。对于同一 AUV，执行不同任务或搭载不同任务载荷工作时，其巡航速度很可能是不同的。

AUV 的最大航速是指其在静水环境下能够达到的最高水下速度，其值取决于 AUV 艇型、推进器、能源及环境条件，是评价 AUV 纵向抗流能力或短时间内快速移动能力的核心指标。处于最大航速时，AUV 会消耗更多的能源，大大缩短 AUV 任务时间；同时，艇体结构，尤其是表面附体也会受到更大的水动力，不利于 AUV 的安全；而且，更大的航速意味着更大的 AUV 自噪声，不适合噪声敏感类任务的顺利执行。一般情况下，AUV 只有在紧急情况下(如规避碰撞、快速驶离危险区等)才会开启最大航速。

(3) 续航力。

AUV 的续航力是指其不进行任何能量补充，在水中单个航次下能够连续稳定工作或航行的最长时间，是评价 AUV 任务持续执行能力的重要指标参数。

(4) 航程。

AUV 的航程是指其在水中单个航次下能够连续航行的最远距离，是表征 AUV 到达能力的重要参数。

(5) 水下导航定位精度。

AUV 的水下导航定位精度是指其导航定位系统解算的自身位置与真实位置之间的接近程度，一般用航行距离的百分比来表示。水下导航定位精度是 AUV 非常重要的任务能力指标，该指标的优劣，直接决定了 AUV 能否执行位置敏感类任务，如水下目标探测与标图、水底地形测量等。

(6) 搭载能力。

AUV 的搭载能力是指其在满足水下稳定自主航行、通信、定位、自救等基本功能前提下，能够搭载的任务载荷数量、重量，以及能预留的最大搭载空间。该参数决定了 AUV 所能搭载任务载荷的最大尺寸和重量，对 AUV 实际任务能力具有重要影响。

AUV 的任务载荷是指完成特定任务所需的各类传感器和设备，如水下摄像机、各类探测声呐、取样器等。

(7) 运动控制能力。

AUV 的运动控制能力是指其在执行航行任务时，按照预定路径或指令准确控制自身位置、深度、航向、速度和姿态等参数的能力。良好的运动控制精度是保证 AUV 能够准确执行各项任务的重要保障。

(8) 自主性。

AUV 的自主性是指其在执行任务时不需要人为直接干预或控制，能够通过内置的控制、感知、导航等子系统独立完成任务的能力。自主性是 AUV 技术发展的重要方向之一。

1.4.3 水面无人艇

USV 主要特性参数有以下几种。

(1)最高工作海况。

USV 的最高工作海况是指该舰艇能够安全可靠地执行任务的最大海况条件。这种海况通常涉及海浪的高度、风力和浪涌的强度等因素。最高工作海况是由该 USV 的设计和制造特性、艇体结构、动力系统、导航和控制系统以及操作能力等方面所决定的。

(2)航速。

USV 的巡航速度是指其长时间航行中的平均速度。这个速度通常是实际操作中使用的航速，使得 USV 能够在维持良好燃油经济性的同时，有效地执行任务和覆盖区域。巡航速度通常是根据艇体的设计特性、动力系统和操作需求来确定的。对于 USV，巡航速度的选择需要平衡多个因素，包括燃油效率、航程需求、艇体稳定性和任务执行效率等。

USV 的最大航速是指其能够达到的最高速度。这个速度通常是在设计阶段通过水动力性能测试和模拟计算确定的，取决于艇体设计、动力系统以及其他相关因素。最大航速通常用于特定情况，如紧急情况或需要尽快到达目的地的情况。与巡航速度相比，最大航速往往会消耗更多能源，并可能会使艇体受到更大的载荷作用，因此在长时间航行中不适宜持续使用。

(3)续航力。

USV 的续航力是指其能够在不进行补给或补能的情况下持续航行的能力。这个概念对于 USV 的设计和操作至关重要，特别是对于执行长时间任务或需要覆盖大范围区域的任务而言。

(4)搭载能力。

USV 的搭载能力是指其可以搭载和运输各种不同类型的装备、传感器、武器、货物或其他载荷的能力。这些载荷可以根据具体任务需求进行配置和安装，使得 USV 能够灵活地执行不同类型的任务，并在海洋环境中发挥多样化的功能。

(5)通信能力。

USV 的通信能力是指其在执行任务过程中进行信息交换和传输的能力。良好的通信能力可以确保 USV 能够与地面控制中心、其他舰艇或传感器系统保持有效的连接，并实现远程监控、指挥和数据共享，从而提高作战效率和任务执行能力。

(6)导航定位精度。

USV 的导航定位精度是指其确定自身位置、航向和速度的准确程度。良好的导航定位精度可以确保 USV 在执行任务过程中能够准确、安全地导航，并实现预期的任务目标。通过不断提升导航定位技术和设备水平，可以提高 USV 在复杂海上环境中的适应性和作战效能。

(7)操纵性。

USV 的操纵性是指其在水面上灵活、快速、安全地进行航行、转向和躲避障碍物的能力。良好的操纵性可以帮助 USV 更好地适应复杂多变的海上环境，提高其执行多样化任务的能力，同时也有助于提高航行安全性和作战效率。

(8)运动控制能力。

USV 的运动控制能力是指其在执行航行任务时，按照预定路径或指令准确控制 USV 的位置、航向、速度和姿态等参数的能力。良好的运动控制精度是保证 USV 能够准确执行各项任务、遵循航行规则并与其他船只协同作战的重要保障。

(9) 自主性。

USV 的自主性是指其在执行任务时不需要人为直接干预或控制,能够通过内置的控制、感知、导航等子系统独立完成任务。USV 的自主性是现代海洋技术发展的重要方向之一。

三种传统海洋机器人特性对比如表 1-1 所示。

表 1-1 三种传统海洋机器人特性对比

特性	ROV	AUV	USV
航行速度	慢	中	快
作业范围	有限	较大	大
续航力	大	一般	较大
实时通信能力	强	差	较强
耐海况能力	较好	好	一般
对母船需求	大	小	很小
作业成本	高	较低	较低
隐蔽性	差	好	一般
操作作业能力	强	弱	弱

1.5 新型海洋机器人

ROV、AUV、USV 三类机器人各有优缺点,在一些海洋条件下,选择合适的机器人可以更好地满足作业要求,但仍有很多作业对于传统机器人来说难以较好地完成。为了提高传统海洋机器人的某些性能,解决传统海洋机器人难以克服的问题,科研人员开发了各种新型的海洋机器人。

相对于前述三种传统海洋机器人,目前已知的新型海洋机器人主要有水下滑翔机(autonomous underwater glider,AUG)、波浪滑翔器(wave glider,WG)、自主/遥控水下机器人(autonomous and remotely-operated vehicle,ARV)、两栖跨介质航行器、多航态无人艇等。

1.5.1 水下滑翔机

水下滑翔机(AUG)的概念最早来源于美国海洋学家 Henry Stommel 于 1989 年提出的用于海洋学调查的运动浮标。其由于具备水下远程、长时间部署能力,吸引了海洋学家的注意并得到快速发展。

水下滑翔机利用净浮力/重力和姿态角调整获得潜浮和前进的驱动力,相对于相近排水量的传统 AUV 平台,其虽然水下航行速度较慢,但航行过程能源消耗极少,航程至少高出一个数量级(轻松达到上千千米),且制造成本和维护费用低、可重复使用和大量投放,特别适合长时间、大范围海洋探索的需要。

水下滑翔机航行时,其深度剖面航行轨迹呈"锯齿"状:下潜时,调节重力、浮力,使重力大于浮力,同时调整姿态角处于埋艏状态,开始下潜;到达设定深度后,调节重力、浮力,使其所受浮力大于重力,同时调整姿态角处于抬艏状态,实现下潜到上浮的转变。在下潜和上浮过程中,借助机翼在水平方向上的分力驱动滑翔机产生水平运动,从而实现深度剖面内锯齿形滑翔运动。水下滑翔机在实际工作过程中,会定期浮出水面,通过固定于艉部的天线进行定位与通信,实现数据传输与指令控制;在水下运动过程中,使用内部集成的电子罗盘和压力传感器,结合水面卫星定位信息,通过航位推算算法实现在水下的粗定位与导航。

国外早在20世纪90年代初期就开始了水下滑翔机的研究工作。1991年,Douglas C. Webb等在美国海军技术办公室的支持下开发出了电驱动的水下滑翔机Slocum,并分别在佛罗里达州的Wakulla Springs和纽约州的Seneca Lake进行了试验(Simonetti, 1992; Simonetti, 1998)。1999~2002年,美国推出了目前世界范围内应用最广泛的三型AUG,分别是华盛顿大学的Seaglider(Eriksen et al., 2001)、Scripps海洋研究所的Spray(Sherman et al., 2001)和Webb实验室的Slocum。

国内水下滑翔机研究始于21世纪初期,进入10年代逐渐走向成熟。2014年10月,中国科学院沈阳自动化研究所研制的"海翼1000"水下滑翔机在应用测试中总航程达到1022.5km,使我国深海滑翔机海上作业航程首次超过1000km;2017年3月,"海翼6000"深海滑翔机在马里亚纳海沟下潜到6329m,刷新了水下滑翔机最大下潜深度6000m的世界纪录;2018年11月,天津大学参与研制的"海燕-L"水下滑翔机无故障运行141天,连续航行3619.6km,刷新了国产水下滑翔机连续工作时间和续航里程纪录;2020年7月,天津大学主导研制的"海燕-X"水下滑翔机最大下潜深度达到10619m,再一次刷新了下潜深度的最新世界纪录。

1.5.2 波浪滑翔器

波浪滑翔器(WG)是一种依靠海面波浪能驱动前进的海洋机器人,主要由水面浮体、柔性挂缆、水下驱动单元三部分组成,属于水面无人艇的一种。其航行驱动原理如图1-7所示。

当波浪抬升水面浮体时,由于柔性挂缆的连接,水下驱动单元也随之上升,在水流的作用下,活动翼板尾缘向下偏转,当攻角在一定范围内时,翼板会产生升力,其水平方向分力将推动水下驱动单元向前运动,继而拉动水面浮体前进;当水面浮体越过波峰时,在重力的作用下,整个系统向下运动,这时活动翼板在水的作用下向上翻转,与上升过程一样会有升力产生,使整个系统向前运动。因此,波浪滑翔器能将海洋波浪能转换成向前的、与波传播方向无关的推进力,而且其转换方式是纯机械式的,即使波浪通过水面浮体,水下驱动单元仍能像拖船一样在预定航线上拖行水面浮体。即只要海面有波浪,波浪滑翔器就能够在水面航行。

除利用波浪能驱动航行外,波浪滑翔器水面浮体上表面一般还铺设有太阳能电池板,可为艇载电气设备提供持续的电能。虽然航速慢、机动性差,但由于主要利用环境能工作,波浪滑翔器的续航力和航程远超传统意义上的USV。

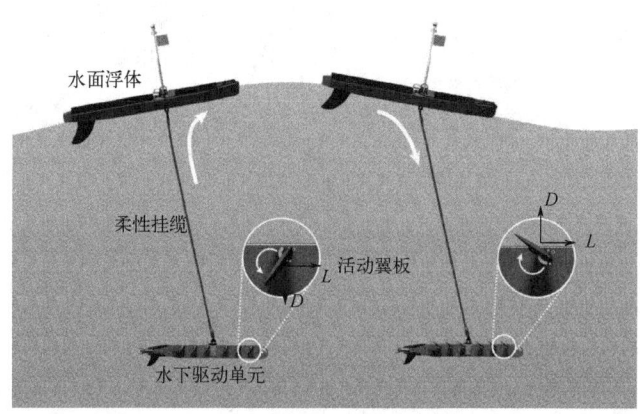

图 1-7 波浪滑翔器的工作原理
D-阻力;L-升力

目前,美国 Liquid Robotics 公司拥有最成熟的波浪滑翔器技术,并通过大量的海上试验验证了其技术的可靠性和应用价值,其研发的波浪滑翔器已实现了产品化并获得了规模化应用。

1.5.3 自主/遥控水下机器人

自主/遥控水下机器人(ARV)在国外也称为 HROV(hybrid remotely operated vehicle),意思是"混合式遥控潜水器"。ARV 配备有一套可拆卸的微细光纤系统,摘掉光纤时,与传统 AUV 无异,可执行自主水下巡航任务,带有光纤时,则可像传统 ROV 一样执行实时的遥控作业任务。ARV 与传统 ROV 的相似点是都有一根具备实时信息交互能力的线缆连接本体和水面监控端,差别是 ARV 的这根线缆仅能用于信息交互,不能提供航行、作业所需的能源。

国外最具代表性的 ARV 是 WHOI 研制的"海神"(Nereus)号,其在 2009 年成功下潜至马里亚纳海沟 10902m 水底,是继日本 KAIKO 号 ROV 之后,世界第二台下潜到万米水底的海洋机器人。

国内 ARV 研究始于 21 世纪初期,其中最具代表性的是中国科学院沈阳自动化研究所研制的"北极"系列 ARV,该系列 ARV 前后三次参加了北极科考任务,完成了对指定海冰区域的观测和海冰分布调查任务;"海斗"号 ARV 于 2016 年成功下潜至 10767m 水底,成为我国首台、世界第三台下潜深度超过万米的水下机器人。

1.5.4 两栖跨介质航行器

为解决传统海洋机器人平台任务空间受限问题,研究人员研制出了能够进行两栖运动的跨介质航行器,包括水空两栖跨介质航行器和水陆两栖跨介质航行器。

水空两栖跨介质航行器具有在水域和空域中自主航行的能力,且能多次跨越水空两种介质机动,如图 1-8 所示,兼具无人机的高速机动能力和无人水下航行器的高隐蔽性优势。按飞行构型,可分为多旋翼式、固定翼式和混合式。

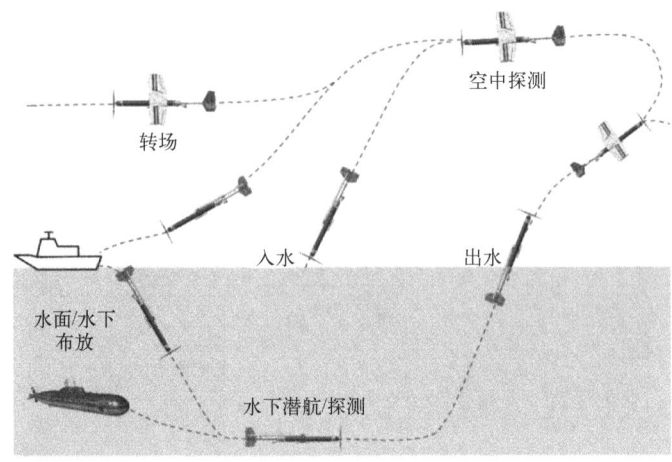

图 1-8 水空两栖跨介质航行器工作流程示意图

典型的多旋翼式水空两栖跨介质航行器是美国罗格斯大学发布的 Naviator 系列样机和上海交通大学的"哪吒"系列样机，均实现了空中、水下以及垂直出入水运动。

典型的固定翼式水空两栖跨介质航行器有北卡罗莱纳州立大学的 EagleRay 和哈尔滨工程大学研制的"长弓2号"，其中"长弓2号"采用可折叠机翼，以降低水下航行和出水阻力。二者均成功完成了自然水域下的跨介质连续机动过程测试。

水陆两栖跨介质航行器是一种多功能机器人，具有在水下和陆地自主航行的能力。在水下航行时，其利用浮力或推进器进行移动；而在陆地行驶时，其利用具有良好机动性的行走结构（如履带、仿生波动鳍、仿生足等）运动。

1.5.5 多航态无人艇

针对传统无人艇易受海况影响、隐蔽性差的问题，专家提出了多航态无人艇的概念。多航态无人艇一般支持三种航行状态：水面、半潜与水下。水面状态具有高航速、高机动特点，不需要考虑隐蔽性时是良好的选择；半潜状态兼具良好通信能力与隐蔽性能，但是航速相对较低；水下状态具有最高的隐蔽性，适合执行隐蔽渗透任务。

1.6 海洋机器人发展趋势

海洋机器人技术在过去几十年中取得了显著进展，并在海洋研究、能源开发、环境监测和国防等领域发挥了关键作用。随着技术的不断发展，海洋机器人呈现出以下几大趋势。

（1）尺寸两极化。在海洋机器人技术发展过程中，机器人尺寸逐渐向两个极端发展：一方面是小型化和微型化的机器人，另一方面是大型化和重型化的机器人。这种两极化趋势是由不同应用需求和技术进步共同驱动的。

（2）智能化。海洋机器人正越来越多地采用人工智能（AI）和机器学习技术，以提高自主性和智能决策能力。这些技术使机器人能够更有效地识别和适应复杂的海洋环境，提高任务完成效率。增强的自主导航和避障技术，使得海洋机器人能够在没有人类干预的情况下，安全地执行长时间和长距离任务。

(3) 系列化。系列化是指在同一类海洋机器人中，根据不同的应用需求和操作环境，通过模块化和标准化设计，形成具有不同规格和功能的海洋机器人系列，以满足多样性的使用需求。系列化的核心在于通过统一的设计理念和技术标准，实现海洋机器人的通用性和互换性，降低研发和维护成本。这种系列化的发展趋势使得海洋机器人能够覆盖更广泛的应用场景，并为用户提供多样化的选择，以满足特定任务的需求。

(4) 集群化。集群化是指将多个海洋机器人采用信息化手段进行协作和协调，形成一个协同工作的整体，以实现更高的效率、更强的能力和更好的适应性，共同完成复杂的任务。海洋机器人集群化的趋势受到技术进步和应用需求的推动。

(5) 体系化。体系化是指将各类海洋机器人按照功能、用途、技术特点等进行系统化整合，相互间能够协同作业，形成一个有机整体，以提升整体任务效能和保障能力，共同完成复杂和广泛的海洋任务。体系化的核心在于通过科学规划和设计，使海洋机器人之间相互协同、互补，形成综合战斗力。体系化的关键要素包括四个方面：①系统性——海洋机器人之间相互关联，构成完整体系；②协同性——不同海洋机器人之间在任务中能够有效配合；③模块化——海洋机器人的设计具备通用性和互换性；④信息化——通过信息技术实现装备互联互通。

思 考 题

1. 简述海洋机器人的定义，明确海洋机器人的核心特征。
2. 目前海洋机器人的分类方式有哪些？
3. 简述海洋机器人的发展历史，其中具有典型意义的海洋机器人有哪些？
4. 简述目前国内外具有代表意义的海洋机器人产品或系列名称。
5. 海洋机器人的特性参数有哪些？
6. 遥控水下机器人(ROV)与自主水下机器人(AUV)的主要区别是什么？

第2章 海洋基础知识

2.1 海洋的价值

海洋不仅是生命的摇篮,也是资源的宝库,更是地球上最大的生态系统,对全球气候、经济、文化、政治和人类生存具有深远影响。

2.1.1 海洋的科学价值

1. 探索生命起源

在小学的科学课上,大家可能都学过关于地球生命起源的知识,其中最知名的就是米勒实验。1953年,美国科学家斯坦利·米勒(Stanley Miller)在芝加哥大学进行了这个开创性的实验。他将水、甲烷、氨气、氢气及一氧化碳等无机气体密封在一个烧瓶中,向其中通入水蒸气,并不断用电火花模拟闪电。经过一段时间的反应后,米勒观察到这些简单的无机物居然形成了氨基酸、糖类、脂类等有机物,这些有机分子是生命构成的基本单位。米勒实验的成功向我们揭示了生命可能起源于无机物的化学反应的可能性。然而,随着科学研究的深入,人们逐渐发现了米勒实验理论中的一个重大问题:远古时期的地球上并没有臭氧层,紫外线非常强烈,很容易破坏海洋表层形成的有机物以及原始生命。科学界开始质疑:如果海洋表面并不是生命诞生的理想场所,那么还有哪些地方可以提供稳定的环境和足够的能量,来促使生命的诞生和发展呢?

1979年,美国"阿尔文"(Alvin)号潜水器在东太平洋2500m深的加拉帕戈斯海底热泉附近,发现了奇特的海底热泉生物群落。这些生物生活在黑暗的裂谷深处,完全无法通过光合作用形成有机物,而是依赖海底热泉附近的化学物质进行化能合成作用。这一发现彻底改变了科学家们对生命起源和适应环境能力的认知。

深海热泉提供的高温和化学物质为生命的起源和演化提供了可能的能量来源和稳定环境。由此,科学家们提出了一个新的生命起源假说——深海热泉起源说。这个假说认为,地球生命可能起源于深海热泉附近的化学环境,而非海洋表面。科学家们通过对深海热泉生态系统的研究,进一步探索了极端环境下生命的适应机制和演化过程。这些研究不仅有助于理解地球上生命的起源,还为寻找其他星球上的生命提供了新的思路。

但是,在生命诞生过程中还有许多未解之谜。例如,起源的具体过程如何?无机物是怎么变成有机物的?有机物又是怎么变成有机大分子的?有机大分子如何变成生命?刚刚诞生的生命形态如何?这些生命以什么作为生命能量的来源?它们又会组成怎样的生态系统?在深海之中就存在着许多海底热泉,深海水下机器人的成功应用,能够让我们深入海沟附近的海底或者是大洋中脊的海底,近距离研究黑烟囱与黑烟囱附近的现代生态系统,这对于解决地球生命起源中的这些未解之谜也可能会有重大帮助。

此外，经过近些年的研究，学者们认为，在木星的木卫二上可能存在着海底热泉，在火星上也可能曾经存在过海底热泉。如果真的是这样，那么研究现代的海底热泉，可能对未来研究这些地外行星是否有生命、生命形态如何等问题也会有帮助。

2. 探索地球演化

地球内部结构复杂多样，通常被分为三个主要圈层：地核、地幔和地壳。地核位于地球的最中心，地幔则围绕在地核外部。在地核的强烈加热作用下，地幔物质会发生缓慢但持续的运动，这种对流运动不仅传递热量，还直接影响到最外层的地壳。地壳是地球最外层的固体部分，厚度较薄，平均约为17km，但海洋和大陆区域的厚度有所不同。

地壳的运动是地球表面地质活动的主要动力。地壳由多个板块组成，这些板块在地幔对流的带动下，既会相互碰撞也会相互分离。当板块碰撞时，在海洋中会形成海沟，当板块相互分离时，会在分离带形成洋中脊。在洋中脊附近，地幔物质会上涌，冷却后形成新的海底地壳，这些区域是地球上最活跃的构造运动场所，也是生命可能起源的地方之一。

通过研究现今仍在活跃的海沟中的板块边界，我们可以更好地理解地球历史上的板块运动，从而揭示地球上陆地的起源与形成过程。

海沟是海洋中最深的区域。由于技术的限制，过去我们只能通过船载设备获取粗糙的海沟地形地貌信息，无法前往这些极端环境进行近距离精细观察和研究。然而，随着深潜器的出现，我们能够深入海底，亲眼观察板块之间的碰撞和过渡过程。深海水下机器人的应用使得我们能够更直观地观察到海底的地质现象，还能采集到相关的岩石样本，开展更详细的研究。这不仅推进了地球科学的前沿研究，还为更好地理解和利用地球资源提供了宝贵的数据和方法。

3. 研究极端生态系统与古环境

深海中水压大、低温无光，以往一直被认为是生命的禁区。深海潜水器多年来的科考结果却让我们发现，在马里亚纳海沟极端环境下还存在着数百种特有生命，它们栖息在比海平面压力高1100倍的环境中，构成了深海处的复杂生态系统。

但是，这些生命是如何适应这些极端环境的？是基因的特殊还是有什么特别的手段？对于海沟极端生态系统的研究，能不能发现新的生命类型？这些生命是否能"吃"掉各种污染物，在极端环境中是否大量存活着能为它们提供蛋白质，或者提供适应低温和高压的基因呢？种种问题等待解答。这种耐高压、耐低温的极端生命的研究，对于人类将来步入太空，适应太空极端环境可能有一定的启示，同时对于我们未来在外星球中的生命探寻和定居点建立也可能起到帮助作用。

海沟被称为"海洋的终极垃圾桶"，来自大陆和海洋中的各种沉积物都堆积在此。这些沉积物中包含了大量的古气候、古海洋等古环境的信息。从这些信息中，我们可以通过了解古海洋中盐度、温度、密度等多种信息，从而推断出海洋海水的演化过程。此外，还可以了解到邻近大陆上大气环境、气候变化、火山喷发、地震灾害等多方面的信息。传统的沉积物取样采用船载重力柱，在浅海水域效率很高，但到了深海，尤其是8000m

以深，重力柱取样鲜有成功，而且重力柱只能"盲采"，成功的运气成分大，采样点位置精度低，而水下机器人可以克服这些问题。

4. 海洋与全球气候

海洋覆盖了地球表面约70%的面积，蕴藏着巨大的热容量，同时，海洋里丰富的水资源，负担着全球的水体循环系统运转，因此其影响会决定全球的气候变化，而全球气候变化直接影响人类活动。

洋流是全球能量的传送带。气流从温暖的赤道吹向寒冷的两极时会带着表层海水一起流动。海水被寒冷的极地空气冷却后，密度增加，沉入深海，然后又被从表层新沉降下来的密度更大的水推回赤道(并在这一过程中变暖、密度降低、上升)，如此周而复始，形成洋流环流。这一过程中运输和混合的营养物质，是大量海洋生物的食物来源。

温度升高带来的冰层融化会干扰洋流环流系统。研究表明，变暖的海洋明显限制了海洋生物的发展和多样化，这对全球碳循环具有深远的影响。因此，利用水下机器人长期监测海洋水体(如海流、温度、盐度等)变化，尤其是上、中层水体的变化，对长期天气预报和气候预测有着重大意义。

2.1.2 海洋的经济价值

1. 丰富的矿产资源

浩瀚的海洋中蕴藏着丰富的海洋油气资源、大洋多金属结核、海底热液矿产资源、天然气水合物等矿产资源。

据估计，海洋石油资源量约占全球石油资源总量的34%，目前探明率仅为30%左右，尚处于勘探早期阶段，而大部分未探明的海洋油气资源分布在深水区。

大洋多金属结核含有丰富的锰、铜、钴、镍、铁等元素。据估计，世界大洋海底锰结核的总储量达3万亿吨，主要分布于太平洋2000～6000m深海底，以及大西洋和印度洋水深超过3000m的深海底部。

富钴结壳是一种主要存在于太平洋顶面平坦、两翼陡峭、形似"圆台"的海山斜坡上，水深1000～3500m。据不完全统计，在太平洋西部火山构造隆起带上，富钴结壳矿床的潜在资源量达10亿吨。

与海底热液活动相伴生的多金属硫化物富含铜、锌、铅、金、银等金属元素，广泛分布于大洋中脊、岛弧和弧后盆地等不同构造环境中。据估算，全球多金属硫化物总含量达到1亿吨，其中铜和锌含量约为3000万吨。

2. 丰富的生物资源

海洋不仅是地球上最大的水体，也是丰富的生物资源库。海洋中的经济鱼类、藻类等生物资源对全球食品供应、药物开发和生态平衡具有重要意义。

经济鱼类是海洋生物资源中的重要组成部分，不仅是人类重要的蛋白质来源，还在经济和社会发展中发挥着重要作用。

藻类资源在海洋生态系统中具有重要地位,既是海洋食物链的基础,也是重要的生物资源。藻类不仅是重要的食品原料,还具有丰富的药用和工业应用价值。此外,藻类还具有吸收二氧化碳、净化水质和生产生物燃料的潜力,在应对气候变化和环境保护中发挥着重要作用。

3. 几乎无穷的发电能源资源

海洋还是巨大的能源宝库。海洋的潮汐、波浪和海流等运动蕴含了几乎无穷的发电能源资源,这些海洋能源具有清洁、可再生和潜力巨大的特点,为实现可持续发展和减少碳排放提供了重要途径。

潮汐能是利用海洋潮汐涨落产生的能量进行发电。目前,世界上已有多个国家在进行潮汐能开发,如法国的朗斯潮汐发电站和中国的舟山潮汐发电站。

波浪能是利用海洋表面波浪的运动产生的能量进行发电,而波浪具有巨大的能量密度和广泛的分布。英国和澳大利亚等国家在波浪能开发方面进行了大量研究和试验,取得了显著进展。

海流能是利用海洋中稳定的洋流流动产生的能量进行发电。海流能发电技术通过在海底安装涡轮机,将海流的动能转化为电能。美国和日本等国家在海流能开发方面进行了积极探索,展现了广阔的应用前景。

4. 巨量的化学资源

海水不仅是海洋生物的栖息地,也是丰富的化学资源库。海水中含有多种重要的化学元素,如镁、钾、溴、碘和钠等,这些元素在工业、农业和医药等领域具有广泛的应用价值。

镁是地壳中含量较多的元素之一,而海水中镁的浓度更高。镁及其合金具有轻质、高强度和耐腐蚀等优点,广泛应用于航空航天、汽车制造和电子产品等领域。此外,镁还用于生产耐火材料和肥料。

钾是植物生长所必需的元素之一,海水中含有丰富的钾盐资源。钾盐主要用于制造化肥,促进农作物的生长和提高产量。此外,钾还用于生产玻璃、肥皂和染料等化工产品。

溴是一种重要的化工原料,海水是溴的重要来源。溴及其化合物广泛应用于制药、农药和阻燃剂等领域。

碘是一种重要的微量元素,广泛存在于海水中。碘在人体健康中起着重要作用,广泛用于医药、消毒剂和染料等领域。

钠是地壳中含量较多的元素之一,海水中含有大量的钠离子。钠及其化合物广泛应用于化工、冶金和食品等领域。

海水中丰富的化学资源为人类提供了宝贵的原材料,推动了工业和农业的发展。然而,海水化学资源的开发和利用需要注重环境保护,避免对海洋生态系统造成不利影响。在开发过程中,应采用科学的方法和技术,确保资源的可持续利用。

5. 海洋运输是目前最有效率的运输方式

海洋运输是全球贸易和经济发展的重要支柱,被广泛认为是目前最有效率的运输方式。

海洋运输具有运量大、成本低和覆盖面广等优点，在国际贸易和物流中占据重要地位。

首先，海洋运输具有巨大的运量优势。大型货轮和油轮能够运输数十万吨的货物，是陆地运输和航空运输无法比拟的。海洋运输的这种大容量使得其在国际贸易中成为不可或缺的运输方式，尤其适用于大宗商品如石油、煤炭、矿石和粮食的长距离运输。

其次，海洋运输的成本相对较低。由于船舶的载重量大，单位货物的运输成本较低，特别是在长距离运输中，这一优势更加明显。相比之下，陆地运输和航空运输的成本较高，限制了其在大宗货物运输中的应用。海洋运输的低成本使得商品在全球市场上的价格更具竞争力，促进了国际贸易的发展。

此外，海洋运输的覆盖面广泛。全球大多数国家和地区都可以通过海运连接，形成了庞大的国际航运网络。海洋运输的这种全球覆盖能力，使得商品可以迅速流通到世界各地，满足不同地区的市场需求。

2.2 海洋环境知识

2.2.1 海底地形

海洋深处的地形复杂多样，蕴含着无数的地质奇观和科学奥秘。海底地形主要包括大陆架、大陆坡、岛弧、海沟、洋盆和洋中脊等单元，如图2-1所示。每个单元都有其独特的地质特征和形成过程。

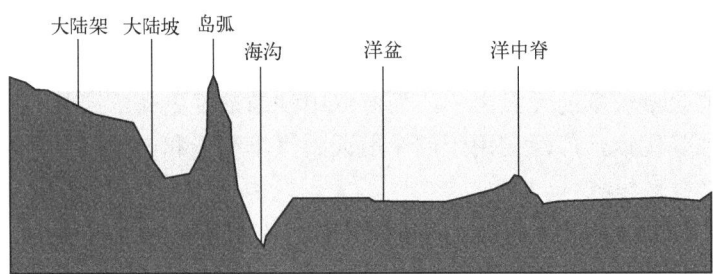

图 2-1　海底主要地形示意图

大陆架是陆地向海洋的自然延伸部分，位于海岸线和大陆坡之间，水深一般不超过200m。大陆架面积广阔，地势平缓，是人类开发利用海洋资源的主要区域。大陆架上蕴藏着丰富的石油、天然气和矿产资源，也是渔业资源丰富的区域。

大陆坡是连接大陆架和深海平原的斜坡地带，坡度较陡，水深从几百米逐渐增加到几千米。大陆坡的地形复杂多变，常常发育有海底峡谷和滑坡。海底峡谷是大陆坡上常见的地形特征，由河流侵蚀、海底沉积物崩塌和海流切割等因素形成。

岛弧是指一系列呈弧形排列的火山岛或山脉，通常位于海洋板块与大陆板块的交界处。它们是地球上最为活跃的地质构造之一，常伴随着火山活动和地震。西太平洋岛弧系统是世界上最典型和最广泛的岛弧系统之一，包括日本弧、琉球弧、马里亚纳弧和菲律宾弧等。该区域地震和火山活动频繁，是研究岛弧形成和演化的重要区域。

海沟是海洋中最深的地形单元，通常位于板块俯冲带，是地壳向地幔俯冲的区域。海沟是一块海洋板块向另一块板块俯冲，导致地壳断裂和下陷而形成的。海沟的深度通常超过6000m，最深处接近11000m，如马里亚纳海沟。海沟区域地震和火山活动频繁，是地球上地质活动最剧烈的地区之一。

洋盆是海洋中面积最广、地势最平坦的地形单元，水深一般为3000～6000m。洋盆上覆盖着厚厚的沉积物，记录了地球历史上的气候变化和地质事件，是研究地球过去环境变化的重要资料。

洋中脊是位于海洋中部的大型山脉系统，是海底地形中最引人注目的特征之一。洋中脊也是地球上最长的山脉系统，总长度超过60000km。洋中脊的形成是由于海洋板块的扩张和岩浆的上涌。岩浆冷却后形成新的海洋地壳，使洋中脊不断生长。洋中脊的活动对海洋板块的运动和地球的地质活动具有重要影响。

2.2.2 流体动力环境

1. 风

风是指空气在水平或接近水平方向上的流动，是由大气压力差引起的。在海洋环境中，风是重要的动力源，直接影响海洋表层的流体动力环境。风主要由太阳辐射引起的地表加热差异导致。太阳辐射在不同纬度和不同时间内对地球表面加热不均匀，造成大气的温度差异，从而产生气压差异。空气从高压区域流向低压区域，形成风。风速是指空气流动的速度，通常用米/秒或千米/小时表示。风向是指风吹来的方向，以方位角度表示。风力则是指风的强度，通常用蒲福风级表示，从0级(无风)到12级(飓风)不等。

信风是地球上最稳定和持久的风系统之一，主要存在于赤道两侧30°左右的热带地区。信风由东向西吹，是由副热带高压带和赤道低压带之间的气压差异引起的。季风是另一种重要的海洋风系统，主要发生在南亚、东亚和西非等地区。季风的特点是季节性变化显著，冬季风和夏季风方向相反，这种风对海洋和大陆的气候及水循环有重要影响。西风带主要位于南北纬30°～60°的中纬度地区，由西向东吹。西风带的风速较大，常形成强劲的风暴系统，对中纬度海洋的波浪和洋流有显著影响。极地东风位于极地附近的高纬度地区，由东向西吹，由于极地区域的低温和高压，这些风相对冷而干燥，对极地海洋的冰盖和表层水流有影响。

风是驱动海洋表层流的重要因素。通过摩擦力，风将动能传递给海水，形成风海流。不同风系统产生不同方向和强度的表层海流。风是海洋波浪的主要生成机制，其在海面上施加压力和摩擦力，推动海水形成波浪。风速、风持续时间和风场面积决定了波浪的大小和能量。风的持续作用还可以引起海洋的上升流和下沉流。风对海洋的长期作用可以形成大规模的涡旋和环流系统。这些环流系统对海洋的热量和物质输运有重要作用。风是海洋-大气相互作用的关键因素之一。通过风应力，风将动能传递给海洋，引起海洋表层流和热量交换。例如，厄尔尼诺(El Niño)现象和南方涛动(southern oscillation，ENSO)就是海洋-大气相互作用的重要表现，其核心机制涉及太平洋东风的变化及其对海洋表层温度和流动的影响。

2. 波浪

波浪是水面有规律地高低起伏运动，并向一定方向传播的现象，是海洋中海水经常性普遍存在的运动形式。其成因以风力作用为主，也有波浪因海底火山喷发和地震、气压突变等产生。风力引起的波浪称为"风浪"，火山爆发和地震引起的巨浪称为"海啸"，气压突变而产生的波浪称为"气压波"。波浪既具有巨大的破坏力，又蕴藏着很大的能量。

波浪是一种典型的振荡波，其显著特点是在传播过程中，水质点并不随波形前进，而是只在原地进行往复的圆周运动。具体来说，波浪在通过水体时，表层的水质点会在一个近似圆形的轨迹上运动，波峰处的水质点处于圆周运动的顶点，而波谷处的水质点则处于圆周运动的最低点。在波峰与波谷之间，水质点的位置处于圆周轨迹的各个点上，呈现出一种周期性的循环运动。

随着水深的增加，水质点的圆周运动轨迹的直径逐渐减小。这是因为在更深的水层中，水质点之间的摩擦力增加，导致质点的动能减小，从而使得波浪的能量逐渐衰减，波形变得更加平缓。实际上，这种现象可以理解为波浪的能量在向深水传播的过程中，逐渐被水体内部的摩擦力所消耗。

3. 内波

内波是一种在水下介质间传播的重力波，通常发生在不同密度层之间的界面上。例如，当将油和水两种密度不同的液体混合时，若它们的分界面上受到外力干扰，则会产生相互之间的扰动。这种扰动不会在液体表面明显呈现，而是在混合液体的内部形成一种"暗流汹涌"的状态。这种现象在自然界中广泛存在，尤其在海洋和湖泊的分层水体中更为常见。

内波的形成和传播机制与表面波类似，但它们在水体内部发生，因此不易被肉眼察觉。通常，内波发生在温度、盐度或密度存在显著梯度的分层水体中。例如，在大洋深处，温跃层和盐跃层是内波形成的典型区域。当海洋中的潮汐、风和洋流等外力作用于这些分层水体时，会在密度界面上激发内波。这些内波以特定的频率和波长传播，且传播速度和振幅受水体的密度梯度影响。

海洋实质上也是由不同密度的介质所构成的混合液体，其中上层海水往往温度更高、盐度更低，下层海水一般温度偏低、盐度较高，这样上下层海水之间，就会产生密度差，形成分层现象。当海水在流动的过程中，遇到海底复杂地形的影响，甚至强烈的风、潮汐等作用时，就会出现"内波"现象。

内波相较于海洋表面的波浪，其能量要小得多，因此即便是很小的外力干扰也能够引发内波的产生。正因如此，在靠近大陆架的海域、洋流常年流动的线路附近、热带气旋的主要发源地带，都有较大的概率产生内波。在这些区域，地形的变化和洋流的流动特性，使得水体内部不同密度层之间的扰动更加频繁，从而导致内波的生成。

尽管内波本身携带的能量较小，但在不同介质的水体界面上，水体的运动方向往往不一致，甚至可能呈现完全相反的方向。这种相对运动在界面处产生了显著的剪切效应，如同一把剪刀，对水体内部结构产生极大的破坏力。这种剪切效应会导致界面层的强烈混合作用，改变水体的温度、盐度和密度分布，从而对海洋生态系统产生深远的影响。

一般情况下，海洋中的内波可以在海面之下传播几千米甚至几十千米，持续的时间可达几小时。从振幅来看，其上下波动的范围经常会超过50m。有些内波形成以后，可以在水深10m左右的海面之下形成高达40～60m的水波，极大地影响海水的稳定性。与表面波不同的是，这些内波的波动方向通常是向下延伸的。由于内波扰动海水的能力非常强大，而且在海水表面不易察觉，因此无论从真实破坏力还是潜在威胁来看，其危害都是非常大的。

4. 海流

海流是海水因热辐射、蒸发、降水、冷缩等而形成密度不同的水团，再加上风应力、地转偏向力、引潮力等作用而形成的大规模相对稳定的流动。海流在空间上呈现出既有水平又有垂直的三维流动，是海水的普遍运动形式之一。海流的速度通常为 1～2kn，有些可达到 4～5kn。海流的速度一般在海洋表面比较大，而随着深度的增加会很快减小。表层海流的水平流速为几厘米/秒到 300cm/s，深处的水平流速则在 10cm/s 以下。垂直流速很小，为几厘米/天到几十厘米/时。表层海流主要由风的作用形成，流动范围通常在海洋表层至 200m 深度之间，包括风海流、涡旋和环流等。深层海流主要由海水的温度和盐度差异引起的密度变化形成，流动范围一般在海洋表层 200m 以下，包括温盐环流和大洋环流。沿岸流指的是沿海岸线流动的海流，受地形和风的影响显著，常见于大陆架和近海区域。赤道海流则主要分布在赤道附近，由信风驱动，具有显著的东西向流动特征。

风是表层海流的主要驱动力。海水的温度和盐度差异导致了密度的变化，从而形成深层海流，也称为密度/梯度流。这种密度驱动的海流称为温盐环流。温暖、低盐度的海水较轻，温度低、高盐度的海水较重，这些密度差异引起海水在垂直方向上的运动，形成全球范围内的大洋环流系统。海底地形对海流的路径和强度有重要影响。海底山脉、海沟和大陆架等地形特征会改变海流的流向，形成复杂的流动模式。例如，海山和海脊可以阻挡或引导海流，形成局部的涡旋和环流。

2.2.3 海洋水文环境

微课

1. 海水温度及其分布

海水温度是海洋热能的一种直接表现形式，反映了海洋在吸收和散发热量过程中的动态变化。太阳辐射是海水温度的最主要热源，通过将太阳能转化为热能，维持海洋表层水温的相对稳定。由于地球的自转和公转，太阳辐射在不同时间和地点的强度存在显著差异，这导致了海水温度在时间和空间上的变化。在时间维度上，海洋表层水温呈现出显著的季节性变化，此外，昼夜交替也会引起水温的日变化。在空间维度上，海水温度的分布则受到地理位置的显著影响：低纬度地区由于接近赤道，全年受到较为垂直且强烈的太阳辐射，因此海水温度普遍较高；而高纬度地区由于离赤道较远，太阳辐射较为倾斜且强度较弱，海水温度相对较低。此外，海水温度还受洋流、海风、天气状况等因素的影响。例如，暖流的流经会使沿岸水温升高，而寒流则会使沿岸水温降低。

海水的等温线大致与纬线平行，局部地区因受地形及洋流的影响而发生弯曲，全球最高水温位于西太平洋北纬 7°附近。除水平差异外,在中低纬度地区,因海水导热率很低,2000m 以浅的海水温度还表现出向深层明显递减的垂直差异,而 2000m 以深的深层海水温度随水深变化不大,经常保持着低温状态,即在垂直递减时,上层减速大于下层,在海洋深处水温趋于均匀,如图 2-2(a)所示;而在中高纬度地区,表层海水与深层海水温度差异幅度不大,一般在 1000m 以浅会于一定范围内波动,1000m 以深则相对非常稳定,如图 2-2(b)所示。

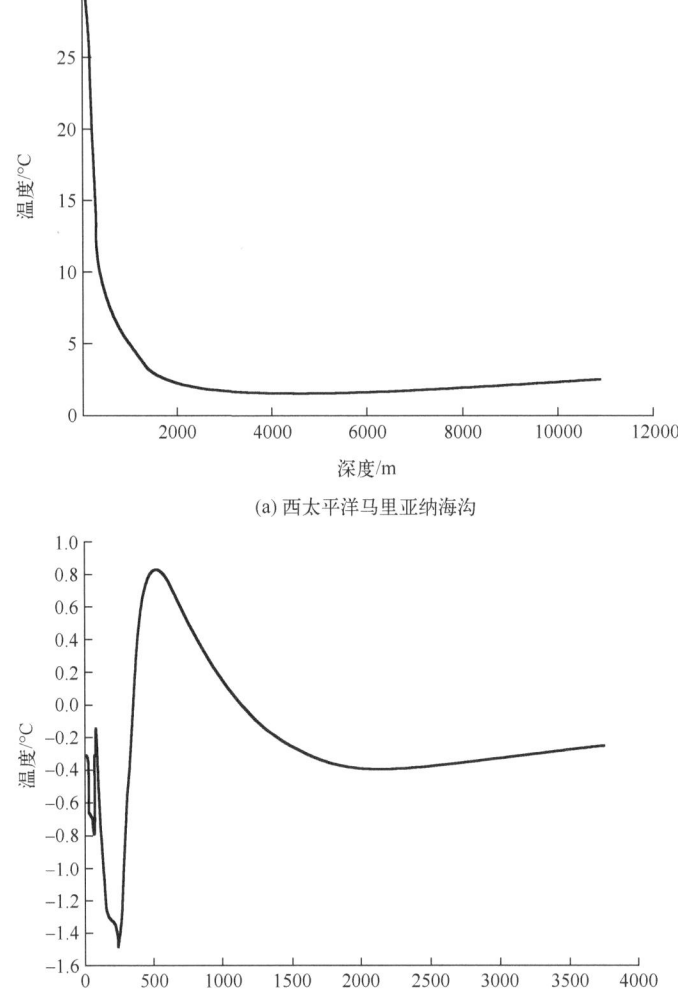

(a) 西太平洋马里亚纳海沟

(b) 北冰洋加拿大海盆

图 2-2 不同区域海水温度随深度的变化曲线

海水温度的垂直分布可分三层:①混合层,一般在大洋表层 100m 以内,由于对流和风浪引起海水的强烈混合,水温均匀,垂直梯度小;②温跃层,在混合层以下、恒温层以上,水温随深度增加而急剧降低,水温垂直梯度大;③恒温层,在温跃层以下直到海底,水温一般变化很小,常为 2~6℃,尤其在 2000~6000m 的深度区,水温为 2℃左右,故称为恒温层。

2. 海水密度及其分布

海水密度是海洋水文环境的一个重要参数，影响海洋中的许多物理和化学过程，包括海流、垂直混合、声传播和物质交换等。海水密度主要受温度、盐度和压力的影响。温度是影响海水密度的主要因素之一。通常情况下，随着温度的升高，海水密度降低；随着温度的降低，海水密度增加。这是因为水分子在高温下的运动速度加快，分子间的距离增大，从而导致密度降低。在极端情况下，如接近冰点时，海水密度的变化更加复杂，因为盐分的存在会影响冰的形成和水的体积变化。盐度增加会使海水密度增加，因为溶解的盐增加了海水的质量。例如，地中海的盐度较高，因此密度也较大。压力对海水密度的影响在深海区域尤为显著。随着深度增加，海水的压力增大，导致海水压缩，体积减小，从而密度增加。压力的影响在深海区域更为明显，在海洋表层的影响相对较小。

海水密度的垂直分布通常表现为密度分层现象。根据密度的变化，海洋可以分为三层：混合层，厚度通常为几十米到几百米，由于风和波浪的混合作用，温度和盐度相对均匀，因此密度也较为均匀；跃变层，位于混合层下方，厚度为几百米到 1000m 不等，此层密度随着深度增大而迅速增加，主要是由于温度和盐度的急剧变化，温跃层(温度迅速变化的区域)和盐跃层(盐度迅速变化的区域)常出现在这一层；深层，跃变层下方的区域，延伸到海洋的最深处，此层温度和盐度变化缓慢，密度随深度近似呈线性变化趋势。如图 2-3 所示为马里亚纳海沟万米水域海水密度随深度的变化曲线。

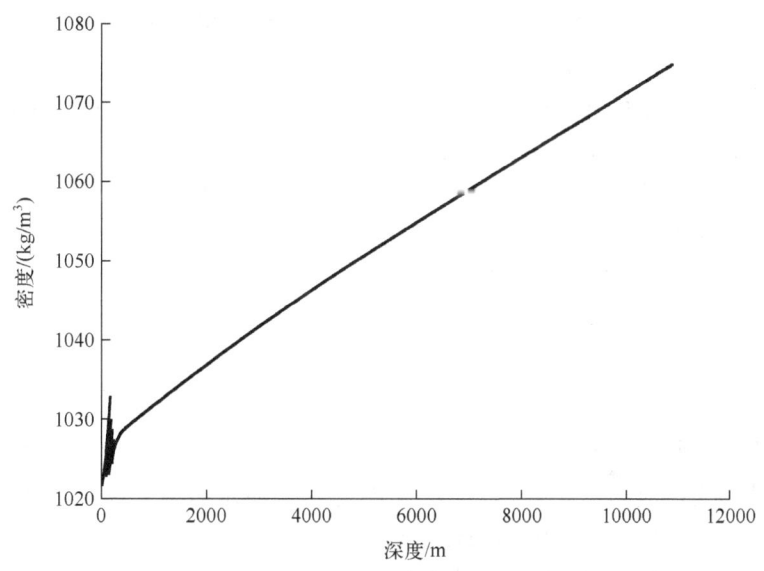

图 2-3　海水密度随深度的变化曲线

通常情况下，海水的密度是随着深度的增大而增加的。然而，在某些特殊情况下，可能会出现海水的密度随着深度的增大反而降低的现象，即负密度梯度跃变层。这种现象称为"海水断崖"，其特点是上层海水密度较大，而下层海水密度较小，导致海水浮力由上至下急剧减小。

3. 海水盐度及其分布

海水盐度是指溶解于海水中的盐类物质与海水质量的比值，用单位质量海水中所含盐类物质的质量来量度。海水盐度通常用千分率(‰)表示，世界海洋的平均盐度约为 35‰，也就是说，每千克海水中大约含有 35g 的溶解盐。海水的味道之所以既咸又苦，是因为其中主要含有氯化钠和氯化镁，氯化钠使海水呈咸味，而氯化镁则带来微苦的味道。这些盐类物质不仅影响了海水的味道，还对海洋的物理和化学性质产生了重要影响。

海水中溶解的各种盐类物质总量较为稳定，这种稳定性称为"恒盐度原理"，即无论海水的总盐度如何变化，海水中各种主要离子的比例基本不变。

海水中的盐类物质主要来源于地壳岩石的风化产物和火山喷发物，全球河流每年向海洋输送的大量溶解盐也是海水盐类物质的重要来源之一。

海水的盐度不仅影响海洋生物的生存和分布，还对海洋的物理性质和气候系统产生重要影响。盐度的变化会影响海水的密度，从而影响海洋的垂直和水平流动，进而影响全球的气候模式。暖流流经的海区盐度较高，寒流流经的海区盐度较低。

海洋表层的盐度主要与降水量和蒸发量有关。在近岸地区，盐度则主要受河川径流、海区形状等的影响。赤道附近降水丰沛，降水量大于蒸发量，盐度稍低；副热带海区降水少，蒸发量大于降水量，盐度较高；高纬度海区温度低，蒸发量小，加之反复结冰、融冰，盐度偏低。全球海洋表层盐度的分布规律：从南、北半球的副热带海区，分别向两侧的高纬度和低纬度递减。世界上盐度最高的海区在红海，盐度超过 4%；盐度最低的海区在波罗的海，盐度低于 1%。

海水盐度在垂直方向上存在着显著的分层现象。一般来说，浅表层的盐度比较均匀，这主要是由于表层水体受阳光照射和风的搅动，导致水体混合充分，从而使盐度趋于均匀。然而，随着深度的增加，盐度会发生显著变化，这一变化明显的水层称为盐跃层。在盐跃层，盐度随着深度的增大而迅速变化，形成了一个过渡区。在进一步的深度，盐度又趋于均匀分布，形成深层水体的稳定盐度。

4. 声速

声速是指声波在海水中传播的速度，其值通常为 1400~1600m/s。声速受温度、盐度和压力的影响，这些因素随着深度的变化而变化，因此海水中的声速也随深度的变化而变化。温度是影响声速的主要因素之一。一般来说，海水温度升高，声速增加，这是因为温暖的水分子运动更快，声波传播速度更高。盐度增加会使声速增加，高盐的海水密度较大，声波在其中传播更快。压力对声速的影响在深海中尤为显著，随着深度增大，海水压力增大，声速也增加。

如图 2-4(a)所示为西太平洋马里亚纳海沟水域某一深度剖面声速变化曲线。对于这一中低纬度海域的海洋表层(0~100m)，其声速主要受温度的影响。表层海水温度较高，声速较高。由于表层海水直接受到太阳辐射、风和波浪的影响，温度变化较小，因此声速变化不显著。跃变层是表层下方的一层区域，通常深度为 100~1000m。在这一层，温度迅速下降，导致声速急剧减小，这一现象称为温跃层。在跃变层中，声速的变化最大，形成了明显的声速梯度。在深层海水中（1000m 以深），温度和盐度变化较小，声速主要受压力的影响。随着深度的增大，压力增大，声速逐渐增大。

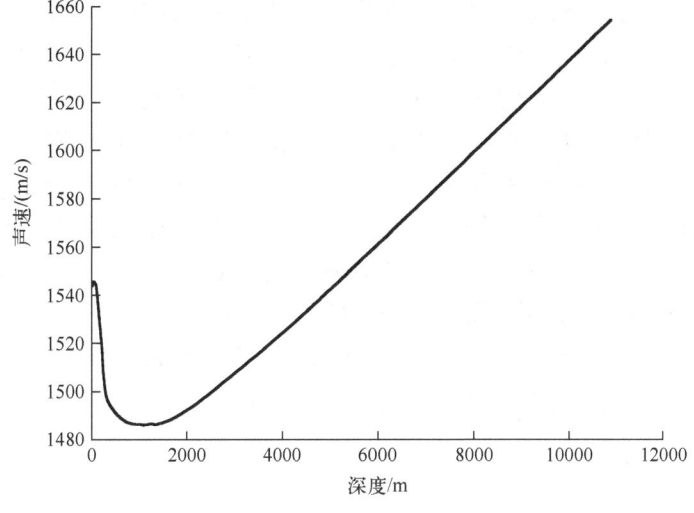

(a) 西太平洋马里亚纳海沟

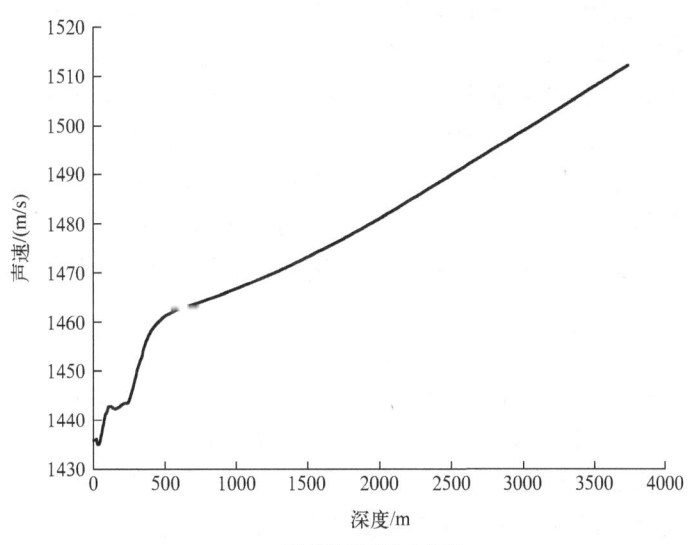

(b) 北冰洋加拿大海盆

图 2-4 不同区域海水声速随深度的变化曲线

如图 2-4(b) 所示为北冰洋加拿大海盆水域某一深度剖面声速变化曲线。由于北冰洋表层海水温度比较低，海水声速明显低于马里亚纳海沟表层海水。在 500m 以浅，随着海水深度增大，海水声速呈现增加趋势，与马里亚纳海沟对应深度现象存在明显差异。出现这一现象的主要原因是，深度从 0～500m 过程中，极地海水温度变化幅度仅为 2.3℃ 左右，如图 2-2(b) 所示，水温变化幅度很小，此时影响声速的主要因素是海水压力。

2.3 海洋对于中国的重要经济意义

中国是一个拥有漫长海岸线和丰富海洋资源的国家，海洋对中国的经济发展具有重要而深远的意义。根据《联合国海洋法公约》有关规定和我国主张，我国管辖海域面积约 300 万平方千米。我国共有海岛 11000 多个，海岸线长度约 3.2 万千米，其中大陆海岸线约 1.8 万千米，岛屿岸线约 1.4 万千米。海洋不仅为中国提供了丰富的自然资源，还为经济发展提供了广阔的空间和多种可能性。从渔业和海洋捕捞业，到海洋运输和海洋工程，再到旅游和新能源开发，海洋经济涵盖了多个方面，推动了中国社会经济的全面发展。

海洋经济对我国社会实现可持续发展具有重大的战略意义，已成为我国经济新的增长点。2024 年我国海洋生产总值达 105438 亿元，同比增长 5.9%，占国内生产总值的比重为 7.8%。其中，海洋第一产业增加值 4885 亿元，第二产业增加值 37704 亿元，第三产业增加值 62849 亿元，分别占海洋生产总值的 4.6%、35.8% 和 59.6%。

1. 能源与矿产资源

中国领海蕴藏丰富的油气资源和矿产资源，对国家经济发展具有重要支撑作用。仅在我国南海，截至 2024 年已探明石油储量为 230 亿至 300 亿吨，乐观估计潜在储量可达 550 亿吨，潜在天然气藏量约为 27.6 万亿立方米，可燃冰初步估计可达 800 亿吨油当量。截至 2022 年，渤海已累计探明石油地质储量超 44 亿吨、天然气地质储量 5000 亿立方米，东海油田石油储量高达 77 亿吨。我国东海和南海有丰富的矿产资源，预测锰结核约 5 万亿吨、镁约 3100 亿吨、锡和铜约 170 亿吨、镍和锰约 29 亿吨、银约 5 亿吨、金约 800 万吨等。此外，我国在太平洋的多金属结核矿区也有丰富的储量，目前已调查了 200 多万平方千米的面积，其中有 30 多万平方千米为有开采价值的远景矿区。

2. 海洋渔业和海洋捕捞业

海洋渔业和海洋捕捞业在中国经济中占据着重要地位。中国拥有丰富的海洋生物资源，中国海域海洋生物物种已鉴定的达 20278 种，东海、黄海和南海是世界上著名的渔场，每年为中国提供大量的海产品。海洋捕捞业不仅为中国提供了丰富的蛋白质来源，有力保障了我国食品安全，还为数以百万计的渔民提供了就业机会。

3. 海洋运输和港口经济

海洋运输和港口经济是中国海洋经济的另一个重要组成部分。中国拥有许多重要的港口城市，这些港口城市不仅是中国对外贸易的重要枢纽，也是区域经济发展的重要引擎。中国的港口吞吐量和集装箱吞吐量多年来位居世界前列，促进了国际贸易的发展。海洋运输不仅承载了大量的货物运输，还通过海上航线连接了中国与世界各地，提升了中国在全球经济中的地位。港口经济的发展带动了物流、仓储、运输、服务等相关产业的发展，促进了区域经济的繁荣。2013 年，我国成为全球第一货物贸易大国，2023 年占全球份额 12.5%，占 GDP 总量 34.7%，其中通过海运的贸易货量占比达 90% 以上。

4. 海洋工程和海洋科技

海洋工程和海洋科技的发展也是中国海洋经济的重要方面。中国在海洋工程领域取得了显著成就，如海底隧道、跨海大桥、海上风电等项目。这些海洋工程不仅改善了交通条件，促进了区域经济的一体化，还推动了海洋资源的开发利用。海洋科技的发展也为海洋经济提供了强大的技术支持。

5. 海洋旅游和休闲产业

海洋旅游和休闲产业是中国海洋经济的新兴领域，具有巨大的发展潜力。中国拥有丰富的海洋旅游资源，吸引了大量的国内外游客。海洋旅游不仅带动了旅游业的发展，还促进了酒店、餐饮、娱乐等服务业的发展，增加了就业机会和收入。

6. 海洋新能源和可再生资源

海洋新能源和可再生资源的开发利用是中国海洋经济的重要方向。中国在海洋风电、潮汐能、波浪能等新能源领域进行了大量的研究和开发，取得了显著成效。海洋可再生资源的开发利用不仅有助于缓解能源危机，还可以减少环境污染，促进可持续发展。

海洋不仅是中国经济发展的重要支柱，也是实现可持续发展的重要保障。未来，随着海洋科技的不断进步和海洋经济的不断发展，海洋将为中国经济注入更多的活力，推动中国走向更加繁荣和可持续的发展道路。

2.4 海洋对于中国的重要军事意义

海洋既是人类生存的基本空间，也是国际政治斗争的重要舞台，而海洋政治斗争的中心，是海洋权益。全球愈演愈烈的海权之争，背后都是巨大的经济利益。

作为一个拥有漫长海岸线和丰富海洋资源的国家，中国的海洋战略不仅关乎国家安全和国防实力的提升，还直接影响着中国在国际事务中的地位和影响力。海洋对中国的军事意义在 21 世纪的地缘政治和安全环境中愈发突出。

1. 海洋战略纵深和国防安全

海洋战略纵深是国家安全的重要组成部分，广阔的海域为中国提供了战略缓冲区，有效增强了国防的纵深防御能力。

2. 海上通道和能源安全

海洋是中国重要的能源运输通道，中国的原油进口量中有超过 80%通过海上运输。确保海上运输通道的安全，对中国的能源安全至关重要。

3. 海洋资源争端与国家利益

我国南海和东海蕴藏着丰富的油气资源和其他海洋资源，围绕这些资源的争端涉及中国的国家利益。为了保护和争取这些资源，中国需要在相关海域保持强大的军事存在和控制能力。

4. 国际合作与军事外交

海洋不仅是中国国家安全的重点，也是国际合作的重要领域。通过参与国际海洋事务和军事演习，中国加强了与其他国家的军事合作和交流，增进了互信与合作。通过军事外交和合作，中国不仅提升了自身的国际影响力，还为维护国际和地区的和平与稳定做出了贡献。

5. 综合国力和战略威慑

海洋军事力量的建设和发展，是提升中国综合国力和战略威慑能力的重要手段。强大的海军力量，不仅能够有效保护国家的海洋权益和安全，还可以在国际事务中发挥更大的作用，提升国家的地位和影响力。

未来，随着全球海洋形势的变化和国家安全需求的增加，中国将继续加大对海洋军事力量的投入，推动海洋军事力量的全面发展，为实现国家的长治久安和繁荣富强提供坚实保障。

2.5 海洋机器人应用举例

微课

海洋机器人是现代海洋科学研究和海洋工程中的重要工具，其应用广泛且多样化，涵盖了从科研调查到商业开发等多个方面。根据任务载荷的类别，可以将海洋机器人作为观察类(摄像机、照相机等)平台、探测与测量类温盐深传感器(CTD)、多波束声呐、激光扫描仪、气象仪、雷达等)平台和取样作业类(取样器、机械手等)平台。此外，在军事领域，海洋机器人还可用作通信/导航中继平台、信息对抗平台、武器搭载平台以及物资装备输送平台等。海洋机器人应用主要包括民用方面的海洋资源开发、海洋科学研究、海洋环境监测、水上救援打捞、水利水电、水下考古、生活娱乐(水下观光、水下摄影等)等以及军事应用。

2.5.1 海洋资源开发

海洋资源开发的对象主要包括海底油气资源、海底矿物资源、可燃冰、海上风电、海洋渔业资源等。这些资源的开发对于全球经济发展、能源供给和生态平衡具有重要意义。而在这一过程中，海洋机器人的作用尤为关键，为资源开发提供了强有力的技术支持和保障。

1. 海底油气资源

海洋机器人特别是 ROV 和 AUV 在油气资源开发中的应用有很多，它们能够进行深海环境下的精密操作，包括油气田的勘探、井架和管道的安装与维护，以及实时监控和数据采集。通过使用海洋机器人，能够显著提高开采效率和安全性，减小人工潜水操作的风险，并实现对深海油气资源的高效开发与管理。

2. 海底矿物资源

海洋机器人特别是 ROV 和 AUV 在海底矿物资源开采中具有重要作用，它们能够在极端海洋环境下开展作业，包括矿物资源的勘探、采样以及实际开采过程中的设备安装与维护。通过使用海洋机器人，能够对深海矿物资源进行详细的定位和评估，提高开采效率和安全性。

3. 海洋渔业资源

海洋机器人在现代渔业资源管理和开发中发挥着越来越重要的作用。它们通过高效、精准和自动化的技术手段，显著提升了渔业资源调查、监测和管理的能力。水下机器人配备声呐系统和高清摄像设备，可以深入到鱼类栖息的各种水层，进行详细的鱼群分布和数量监测，帮助科学家准确识别鱼类种群。USV 在海洋表面进行广域巡航，携带声呐和鱼群探测仪，快速扫描大范围海域，提供鱼群的分布数据，支持渔业资源评估。

2.5.2 海洋科学研究

海洋科学研究的主要目的是了解海洋的自然现象、性质及其变化规律，从而为人类开发利用海洋资源和空间服务。海洋科学研究对象包括海水、溶解和悬浮于海水中的物质、生活于海洋中的生物、海底沉积物和海底岩石圈，以及海面上的大气边界层和河口海岸带等。海洋科学研究内容主要包括海洋中的物理、化学、生物和地质过程，以及面向海洋资源开发利用和海上军事活动等的应用研究。

1. 海底地形测绘

海洋机器人特别是 AUV 在海洋测绘方面发挥着重要作用。AUV 无须实时遥控，能够长时间、自主航行，适应复杂和危险的海底环境，获取大面积海底区域的连续、全面、精细的地形数据。与传统基于船载拖曳声呐的测绘方式相比，数据更精确、作业效率更高、任务成本更低。

2. 水文气象调查

海洋机器人特别是 USV 在水文气象监测中展现出显著优势。首先，USV 的全自动或半自动操作减少了对人力的依赖，特别是在恶劣天气或危险环境下，能够有效保障操作人员的安全。其次，USV 的高机动性使其能够快速到达指定位置，适应不同的水域环境，如湖泊、河流、海洋等。其先进的传感器和通信设备使得 USV 可以实时采集和传输数据，为实时监测和预警提供强有力的支持。USV 的长时间连续作业能力，特别适用于长时间的监测任务，尤其在偏远或难以到达的水域。与传统的有人操作船只相比，USV 的运行和维护成本较低，经济效益显著，尤其在需要频繁或长期监测的任务中更加突出。

3. 打捞救援

水下机器人在打捞救援中展示出诸多优势，成为现代海洋救援行动中的关键工具。首先，水下机器人能够在恶劣的海洋环境中操作，包括高压、低温和强流等条件，这些环境对人类潜水员来说极其危险甚至无法到达。其次，水下机器人可以长时间连续作业，避免了人类潜水员在长时间任务中的疲劳问题，从而提高救援效率。

2.5.3 军事应用

海洋机器人在军事应用中具有显著优势。

ROV 因其精确的操控能力和强大的机械操作性能，在军事行动中扮演重要角色。ROV 由舰艇或平台上的操作员通过电缆进行控制，适用于复杂和危险的水下任务，如拆除水雷、打捞沉船和进行水下维修。ROV 的高清摄像头和多功能机械臂使其能够在恶劣环境中进行精细操作，如定位和拆除爆炸装置、维修水下通信电缆或对敌方水下设备进行破坏。ROV 的使用降低了人类潜水员的风险，提高了任务的安全性和成功率。其灵活性和多功能性使其成为执行多样化水下任务的理想选择。

AUV 则能够在敌方水域或危险环境中自主执行长时间的水下任务，如侦察、监视、扫雷和反潜作战。它们无须人类操控，能够在预定路线和深度自主航行，避开敌方探测设备，收集关键情报。AUV 还可以搭载多种传感器和武器系统，执行复杂的军事任务。其隐蔽性和续航能力使其成为现代海军的强大工具，尤其在潜艇战和水下监视中发挥关键作用。

USV 在军事领域同样具有显著优势，尤其在侦察、监视、巡逻和海上作战中。USV 可以在远程操作或自主模式下运行，进行长时间的海上巡逻和监视。它们能够搭载各种传感器、武器和通信设备，实时传输数据，提供海上态势感知。USV 的高速机动性和灵活性使其能够迅速响应海上威胁，执行反潜、反舰和反水雷作战。它们还可以用作电子战和通信中继平台，增强海军的作战能力。USV 的使用降低了人力成本和风险，提高了海军在复杂海上环境中的作战效率和效果。

总体而言，ROV、AUV 和 USV 在军事中的应用，大幅提升了海军的任务执行能力和作战效能，成为现代海军不可或缺的重要组成部分。

思 考 题

1. 海洋的科学价值体现在哪些方面？
2. 简述海洋对我国的经济意义和军事意义。
3. 全球大洋不同水域水体温度、密度参数随深度的变化趋势是什么？对海洋机器人的航行作业会有哪些影响？
4. 什么是"海水断崖"？是否对水下航行器有危害？
5. 根据三种传统海洋机器人的特性，简述海洋机器人能用于哪些场景。

第3章 海洋机器人原理

海洋机器人原理主要研究海洋机器人在水面或水下航行时的各种性能,包括浮性、稳性、快速性等。本书主要针对海洋机器人中的水面无人艇(USV)和自主水下机器人(AUV)来介绍海洋机器人原理相关内容。

3.1 水面无人艇原理

3.1.1 水面无人艇几何特征

几何特征对水面无人艇的性能和功能具有重要影响,目前水面无人艇常见外形以船型为主,其外形设计与传统船只类似。本节将重点介绍水面无人艇几何特征及其形状的表示方法和参数,以及这些特征参数对水面无人艇性能和应用的影响。

1. 基平面

水面无人艇外形可用投影到三个相互垂直的基本平面来表示,这三个基本投影平面称为主坐标平面,如图 3-1(a)所示。

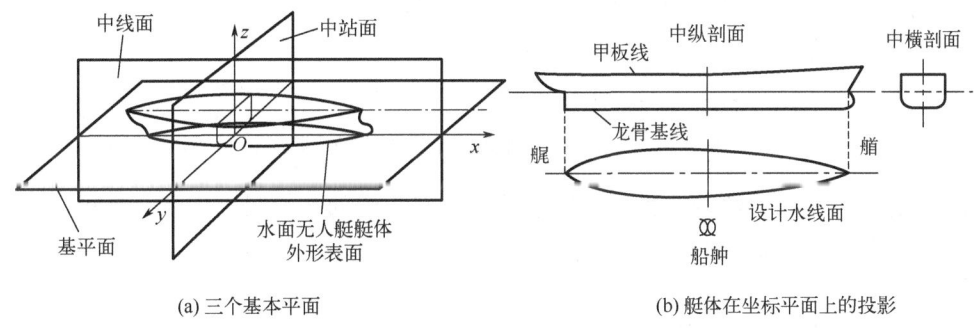

图 3-1 三个基本平面及其投影

(1)中线面:通过艇宽中心的纵向垂直平面,它把艇体分成左右相互对称的两部分,中线面是艇体的对称平面。

(2)中站面:通过艇长中点(这里的艇长是指垂线间长或设计水线长)的横向垂直平面,把艇分成艏艉两部分,艇长中点可用符号⊗表示。

(3)基平面:通过艇长中点龙骨板上缘,且与设计水线面相平行的平面,它与中线面、中站面相互垂直。

由这三个主坐标平面的交线组成艇体坐标系 O-xyz,其中三条交线的交点为坐标原点 O;中线面与基平面的交线为 x 轴,指向艇艏为正;中站面与基平面的交线为 y 轴,指向右舷为正;中线面与中站面的交线为 z 轴,向上为正。

如图 3-1(b)所示，水面无人艇型表面在中线面上的投影是中纵剖面，艇体型表面在中站面上的投影是中横剖面，水面无人艇型表面位于设计水线处的平行于基平面的截面称为设计水线面。

2. 主尺度

主尺度是表示水面无人艇大小的参数，这些参数包括艇长、型宽、型深和吃水等。

1) 长度方向

与艇长相关的概念有总长 L_{OA}、垂线间长 L_{PP}、设计水线长 L_{WL}、浸体总长，如图 3-2 所示。其中，总长是指自艇艏最前端至艇艉最后端平行于设计水线的最大水平距离；垂线间长是指艏垂线(通过设计水线与艏柱前缘的交点所作的垂线)与艉垂线(一般在舵柱的后缘，若无舵柱，则取舵杆的中心线)之间的水平距离；水线长是指平行于设计水线面的任一水线面与艇体型表面在艏艉端交点间的距离；设计水线长是指设计水线在艏柱前缘和艉柱后缘之间的水平距离；浸体总长是指艇体水下部分的最大长度。

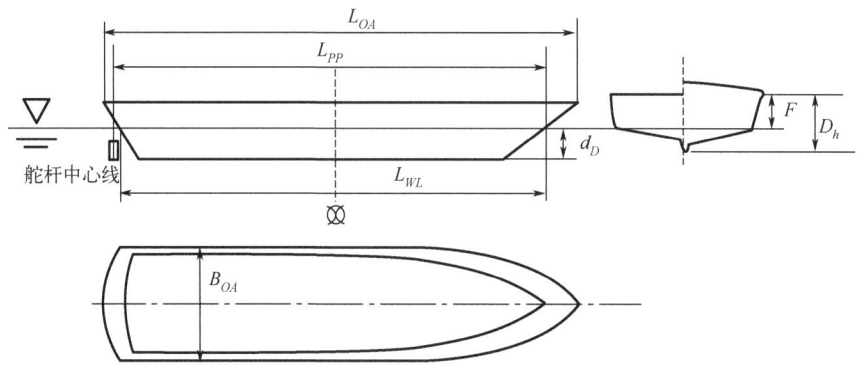

图 3-2 水面无人艇主尺度参数

应用场合：静水力性能计算和艇型系数一般用垂线间长；阻力性能分析用设计水线长；进坞、靠码头或通过船闸时用浸体总长。

2) 宽度方向

对水面无人艇而言，一般关注型宽及最大宽度。其中，型宽 B_M 是指艇体两侧型表面(不包括艇体外板厚度)之间垂直于中线面的最大水平距离，一般在艇长中央处；最大宽度 B_{OA} 是指包括外板和伸出两舷的永久性固定突出物，如护舷材、舷伸甲板在内，并垂直于中线面的最大水平距离。

应用场合：性能计算用型宽；进坞或通过船闸时用最大宽度。

3) 高度方向

与高度方向相关的参数有型深、吃水、干舷等。其中，型深 D_h 是指在主甲板边线最低点处自龙骨板上表面(即龙骨基线)至主甲板边线的垂直距离，通常主甲板边线的最低点在中横剖面处；吃水 d 是指龙骨基线至设计水线的垂直距离，如果艇体前后吃水不同，则有艏吃水 d_F(沿艏垂线自设计水线与龙骨线的延长线之间距离)、艉吃水 d_A(沿艉垂线自设计水线与龙骨线的延长线之间距离)及平均吃水 d_D(中横剖面处的吃水)，如无特别说明，则指平均吃水：

$$d_D = \frac{1}{2}(d_A + d_F) \tag{3-1}$$

干舷 F 是指自水线至主甲板上表面的垂直距离，一般水面无人艇舯艏、舯、艉所处的干舷是不同的，如无特殊说明，则指中横剖面处的干舷 $F_h = D_h - d_D + \delta_{td}$（$\delta_{td}$ 为主甲板的厚度）。

3. 尺度比

尺度比也是表示水面无人艇几何特征的重要参数，常用的尺度比有以下几种。
(1) 长宽比 L_{OA}/B_M，其大小与水面无人艇快速性的好坏有关。
(2) 宽度吃水比 B_M/d_D，与水面无人艇稳性、耐波性、操纵性和艇体强度有关。
(3) 型深吃水比 D_h/d_D，与水面无人艇稳性、抗沉性和艇体强度有关。
(4) 长度型深比 L_{OA}/D_h，与水面无人艇艇体强度和稳性有关。
(5) 长度吃水比 L_{OA}/d_D，与水面无人艇稳性有关。

4. 艇型系数

艇型系数是表示水面无人艇艇体水下部分面积或体积肥瘦程度的无因次系数，包括水线面系数、中横剖面系数、方形系数、（纵向）棱形系数和垂向棱形系数。艇型系数对水面无人艇性能影响很大。

(1) 水线面系数 C_{WP}：和基平面平行的任一水线面的面积 A_W 与由艇长 L_{PP}、型宽 B_M 所构成的长方形面积之比。水线面系数表示水线面的肥瘦程度，与水面无人艇的快速性、稳性有关。作为高速突击、侦察使用的水面无人艇一般两端较瘦削，其 C_{WP} 值较小；货运、水文观测用途的水面无人艇两端较丰满，其 C_{WP} 值较大。

(2) 中横剖面系数 C_M：中横剖面在水线以下的面积 A_M 与由型宽 B_M、吃水 d_D 所构成的长方形面积之比。中横剖面系数反映中横剖面的肥瘦程度。通常低速的水面无人艇中横剖面比较丰满，其 C_M 值大；而高速的水面无人艇中横剖面比较瘦削，其 C_M 值小。

(3) 方形系数 C_B：艇体水线以下的型排水体积 ∇ 与由艇长 L_{PP}、型宽 B_M、吃水 d_D 所构成的长方体体积之比。方形系数直观地体现了船舶水下部分的肥瘦程度。

(4) 棱形系数 C_P：也称纵向棱形系数，表示艇体水线以下的型排水体积 ∇ 与相对应的中横剖面积 A_M、艇长 L_{PP} 所构成的棱柱体积之比。棱形系数表示排水体积沿艇长方向的分布情况，与快速性密切相关。高速水面无人艇 C_P 值较小；低速水面无人艇 C_P 值较大。

(5) 垂向棱形系数 C_{VP}：艇体水线以下的型排水体积 ∇ 与相对应的水线面面积 A_W、吃水 d_D 所构成的棱柱体积之比。垂向棱形系数表示排水体积沿吃水方向的分布情况。

艇型系数为不大于 1 的无因次系数。上述系数的定义，如无特殊说明，通常都是指对设计水线处而言，在计算不同水线处的各系数时，其艇长、型宽通常用垂线间长（或设计水线长）和设计水线宽，也可用对应于各水线处的长和宽，但需加以说明，如最大横剖面不在艇舯处，则应取最大横剖面处的有关数据。

5. 型线图

水面无人艇外形是一个流线型体,仅用长、宽、高三个方向的尺度及艇型系数并不能说明水面无人艇的真实形状,表示其形状最基本的图形是型线图。

型线图所表示的水面无人艇外形为型表面。钢、铝等金属材料的水面无人艇型表面为外板的内表面,木质材料或复合材料水面无人艇的型表面则为外板的外表面。以钢质水面无人艇为例,型线图上所表示的艇体形状包括外板型表面的形状和甲板型表面的形状,不包括艇壳板和甲板板厚度在内的艇体表面。

型线图是一张重要的全艇图样,它有如下作用。

(1) 型线图表示艇体型表面的形状和大小。

(2) 型线图是计算水面无人艇航海性能的主要依据。

(3) 型线图是绘制水面无人艇其他图样(如航海图、结构图等)的主要依据。

(4) 型线图是进行艇体放样的主要依据。

型线图绘制的精确程度直接影响航行性能计算的准确性和艇体建造的质量,因此对型线图的绘制精度有较高的要求,它是艇体的重要图样。

型线图为在三个相互垂直的投影面上的剖切线、投影线和外廓线表示艇体型表面形状的图样,如图 3-3 所示。三个视图分别如下:以艇体型表面及甲板舷墙等与各站的横向垂直平面的交线在正视方向的投影图为横剖线图;以艇体型表面及甲板舷墙等与中线面及其相平行的各纵向垂直平面的交线在侧视方向的投影图为纵剖线图;以艇体型表面与对称于中线面一舷、平行于基平面的各水线面的交线,以及甲板边线、舷墙顶线在俯视方向的投影图为半宽水线图。

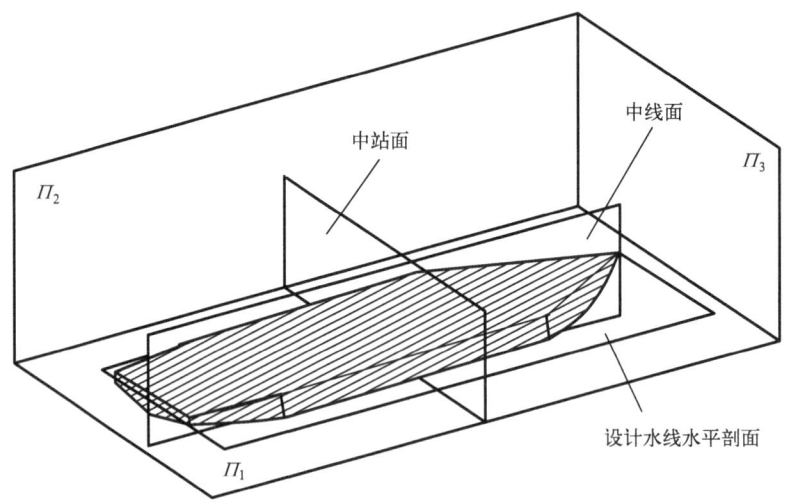

图 3-3 型线图的三个基本剖面图

3.1.2 水面无人艇浮性

浮性是水面无人艇的基本性能之一,指的是在一定装载情况下,具有漂浮在水面上保持平衡位置的能力。水面无人艇在建造和使用过程中，需要具有并能够保持良好的浮态，以符合规定的航海性能和安全性能。

1. 平衡条件

水面无人艇漂浮于水面一定位置时，作用在艇上的力主要是机器人自身重力和静水压力，如图 3-4 所示。

因此，水面无人艇的浮性平衡条件如下：

(1) 重力与浮力大小相等、方向相反，即 $W = \rho g \nabla$，ρ 为水的密度，g 为重力加速度，∇ 为无人艇排水体积；

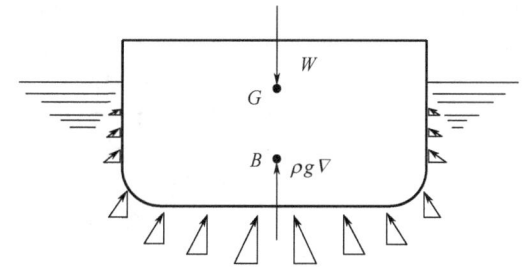

图 3-4 处于平衡状态的水面无人艇

(2) 重心 $G(x_G, y_G, z_G)$ 和浮心 $B(x_B, y_B, z_B)$ 在同一条铅垂线上。

2. 浮态

水面无人艇浮于静水的平衡状态称为浮态，表示其浮态的参数有吃水 d_D、横倾角 φ、纵倾角 θ。浮态包括如下四种情况。

(1) 正浮状态：$\varphi = 0°$，$\theta = 0°$。

水面无人艇漂浮于静水面，艇体中纵剖面和中横剖面都垂直于水面的一种浮态(图 3-5)。此时，Ox、Oy 轴水平，无横倾和纵倾。通常用吃水 d_D 表示不同正浮时的浮态，正浮状态平衡方程为

$$\begin{cases} W = \rho g \nabla \\ x_B = x_G \\ y_B = y_G = 0 \end{cases} \quad (3\text{-}2)$$

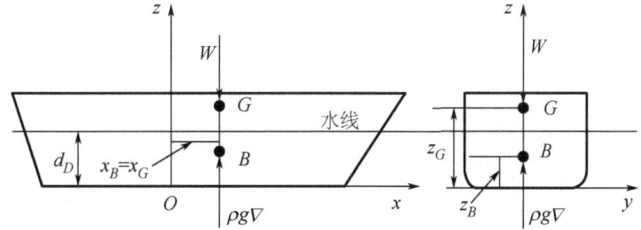

图 3-5 水面无人艇正浮状态

(2) 横倾状态：$\varphi \neq 0°$，$\theta = 0°$。

水面无人艇自正浮位置向左舷或右舷方向倾斜的一种浮态(图 3-6)。此时，Ox 轴是水平的，中纵剖面与铅垂平面相交成一角度，即正浮时水线面与横倾后的水线面的夹角 φ。

水面无人艇横倾的大小以横倾角表示。横倾角有正负，规定向右舷方向倾斜(右倾)为正值、向左舷方向倾斜(左倾)为负值。通常用吃水 d_D、横倾角 φ 表示不同横倾浮态，横倾状态平衡方程为

$$\begin{cases} W = \rho g \nabla \\ x_B = x_G \\ y_B - y_G = (z_G - z_B)\tan\varphi \end{cases} \quad (3\text{-}3)$$

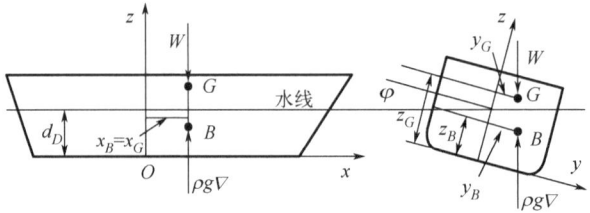

图 3-6 水面无人艇横倾状态

(3) 纵倾状态：$\varphi = 0°$，$\theta \neq 0°$。

水面无人艇自正浮位置向艇艉方向或艇艏方向倾斜的一种浮态（图 3-7）。此时，Oy 轴是水平的，艇体中纵剖面垂直于水面、中横剖面与铅垂平面相交成一角度，即正浮时的水线面与纵倾后的水线面相交的角度 θ，水面无人艇纵倾大小用艏艉吃水差和纵倾角表示。

纵倾角的正负按如下规定：向艏部倾斜（艏倾）为正值，向艉部倾斜（艉倾）为负值。通常用平均吃水 d_D、纵倾角 θ 表示不同纵倾浮态，纵倾状态平衡方程为

$$\begin{cases} W = \rho g \nabla \\ x_B - x_G = (z_G - z_B)\tan\theta \\ y_B = y_G = 0 \end{cases} \quad (3\text{-}4)$$

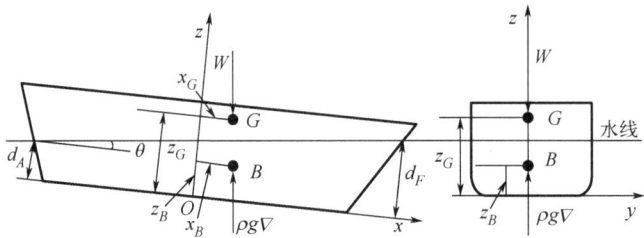

图 3-7 水面无人艇纵倾状态

纵倾的大小通常用艏吃水 d_F 和艉吃水 d_A 之差来表示，即

$$\Delta d_t = d_F - d_A \quad (3\text{-}5)$$

纵倾角 θ 与纵倾值 Δd_t 之间的关系如下：

$$\tan\theta = \frac{\Delta d_t}{L} \quad (3\text{-}6)$$

(4) 任意状态：$\varphi \neq 0°$，$\theta \neq 0°$。

这种状态下，水面无人艇的浮态中既有横倾又有纵倾，如图 3-8 所示。此时，Ox 轴和 Oy 轴都不是水平的，艇体的中纵剖面与铅垂平面成一横倾角 φ，同时中横剖面和铅垂平面成一纵倾角 θ。其浮态方程为

$$\begin{cases} W = \rho g \nabla \\ x_B - x_G = (z_G - z_B)\tan\theta \\ y_B - y_G = (z_G - z_B)\tan\varphi \end{cases} \quad (3\text{-}7)$$

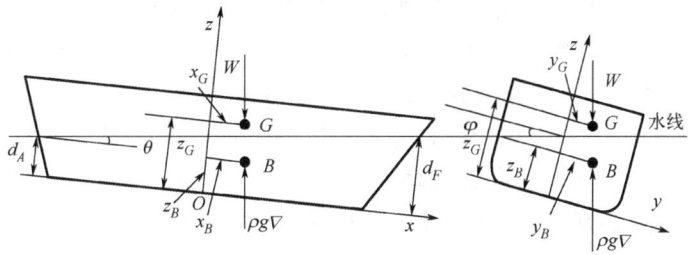

图 3-8 水面无人艇任意浮态

一般水面无人艇在设计时或者正常使用情况下,都应处于正浮状态或者稍有艉倾状态。至于横倾状态、大角度纵倾状态和任意状态,往往都是由外力作用或艇上重量位置的改变或者破损后进水等引起的,对水面无人艇的使用及航行性能等都是很不利的。

3. 重量和重心

水面无人艇总重量是艇上各类重量之和:

$$W_G = W_1 + W_2 + W_3 + \cdots + W_n = \sum_{i=1}^{n} W_i \quad (3\text{-}8)$$

各类重量包括以下两类。

(1)固定重量:艇体结构、舾装、机电设备及装备等的重量,它们的重量在使用过程中是固定不变的,也称为空船重量 LW。

(2)变动重量:燃油、润滑油以及载荷等的重量,这类重量的总和就是水面无人艇的载重量 DW。

水面无人艇在实际使用中的载重量总是变化的,其排水量也随装载情况而变化,因而各种技术性能也发生变化。

水面无人艇的重心位置 $G(x_G, y_G, z_G)$ 采用式(3-9)计算:

$$\begin{cases} x_G = \dfrac{\sum W_i x_i}{\sum W_i} \\ y_G = \dfrac{\sum W_i y_i}{\sum W_i} \\ z_G = \dfrac{\sum W_i z_i}{\sum W_i} \end{cases} \quad (3\text{-}9)$$

式中,W_i 为水面无人艇上某一物体的重量,该物体的重心坐标为 (x_i, y_i, z_i)。

研究水面无人艇浮性问题和水面无人艇稳性问题都要研究其重量、重心和浮力(即排水量)、浮心之间的相互关系。重量、重心可根据总布置图和其他相关图纸和技术资料进行分析计算，而浮力和浮心则需要根据型线图、型值表进行积分计算，或者根据三维模型得到。

3.1.3 水面无人艇稳性

稳性是指水面无人艇在外力作用（如风浪的作用、武器发射作用力、载荷变化等）下偏离其平衡位置而倾斜，当外力消失后，能自行复原到原来平衡位置的能力。

按倾斜角度的大小，可把稳性分为初稳性和大倾角稳性。初稳性（或称为小倾角稳性）是指倾斜角度小于 $10°\sim15°$ 或主甲板边缘开始入水前的稳性；大倾角稳性是指倾角大于 $10°\sim15°$ 或主甲板边缘开始入水后的稳性。

按水面无人艇倾斜方向，可把稳性分为横稳性和纵稳性。水面无人艇横倾时的稳性称为横稳性，纵倾时的稳性称为纵稳性。一般水面无人艇纵向上没有倾覆的危险，纵稳性主要研究吃水差的变化规律。

按作用力矩的性质，可把稳性分为静稳性和动稳性。如果作用在水面无人艇上的横倾力矩随时间的变化速率不超过稳性力矩随时间的变化速率，则将这种横倾力矩作为静横倾力矩对待，在静稳性力矩作用下所产生的稳性称为静稳性；如果作用在水面无人艇上的横倾力矩随时间的变化速率超过稳性力矩随时间的变化速率，则将这种横倾力矩作为动横倾力矩对待，在动稳性力矩作用下所产生的稳性称为动稳性。

按水面无人艇破舱进水与否，可把稳性分为完整稳性和破舱进水稳性。水面无人艇在未受损即完整状态下所具有的稳性称为完整稳性；相应地，水面无人艇在受损状态下所具有的稳性称为破损稳性或抗沉性。

稳性的丧失是水面无人艇发生安全事故的主要原因之一，在设计时要考虑不同载况计算稳性，必须满足相应规范中具体的稳性指标要求。

1. 稳性的概念

当受到外力矩作用时，水面无人艇发生倾斜。在随体坐标系下，相当于水线面发生了倾斜，由此引起了艇体水下形状的变化，浮心位置随之改变，从 B 点移至 B_1 点，如图 3-9 所示。此时，重力和浮力作用线方向同时发生变化，二者均垂直于水线面，重力垂直向下，浮力垂直向上。由于作用点位置和作用线方向的改变，重力和浮力不再共线，重力和浮力的力偶形成了复原力矩。

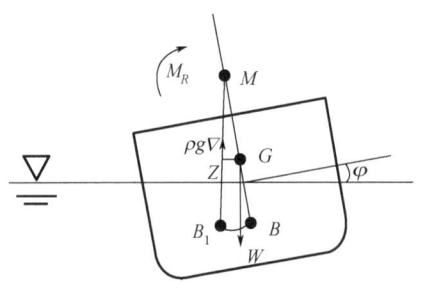

图 3-9　水面无人艇横倾时浮心移动示意图

倾斜后浮力作用线与正浮时浮力作用线的交点为 M，重力作用线到浮力作用线之间的水平距离为 $\overline{GZ}$（称为静稳性臂），则重力和浮力形成的复原力矩为

$$M_R = \rho g \nabla \cdot \overline{GZ} = \rho g \nabla \cdot \overline{GM} \cdot \sin\varphi \qquad (3\text{-}10)$$

倾斜角很小时，M 点位置基本不变，可以看作艇体倾斜过程中，浮力作用线的汇聚

点，通常称为稳心。

在艇体倾斜过程中，浮心移动的轨迹近似于以 M 点为圆心、以 $\overline{BM}$ 为半径的圆弧，因此 $\overline{BM}$ 通常称为稳心半径。

$\overline{GM}$ 称为稳性高，其三种状态如图 3-10 所示。

(1) G 在 M 之下，$\overline{GM}$ 为正值，M_R 为正值，与倾斜方向相反，外力消失后，水面无人艇可复原到原平衡位置，则原平衡状态为稳定平衡。

(2) G 在 M 之上，$\overline{GM}$ 为负值，M_R 为负值，与倾斜方向一致，外力消失后，水面无人艇在 M_R 作用下继续倾斜，则原平衡状态为不稳定平衡。

(3) G 与 M 重合，$\overline{GM}$ 为零，M_R 为零，外力消失后，水面无人艇不动，则原平衡状态为中性平衡或随意平衡。

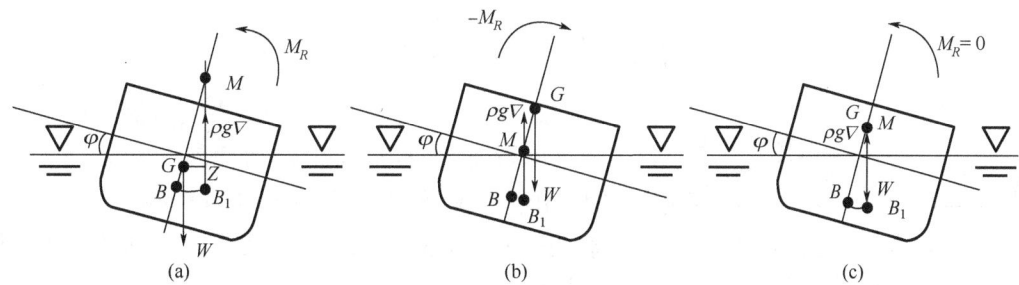

图 3-10 水面无人艇三种稳性状态

2. 初稳性

当艇体的倾斜角较小时，可以将艇体的侧面近似为直壁，下面以直壁艇体的横倾过程为例来分析艇体在倾斜过程中的浮心变化情况。

水面无人艇小角度倾斜时，等体积倾斜水线与正浮水线的交点通过原水线面的形心，证明如下。

如图 3-11 所示，设水面无人艇正浮时的水线面为 WL，在外力作用下横倾一微小角度 φ 后的水线面为 W_1L_1。由于艇仅受到倾斜力矩的作用，排水体积保持不变，故 W_1L_1 是等体积倾斜水线面。

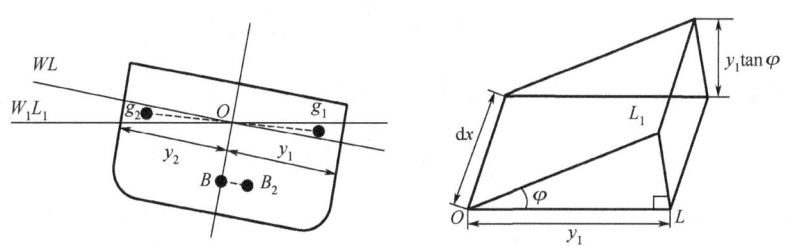

图 3-11 等体积倾斜过程

三角形 LOL_1 的面积：

$$S_{\triangle LOL_1} = \frac{1}{2} y_1^2 \tan\varphi \tag{3-11}$$

沿长度方向取一微段 dx，微段体积：

$$dv_1 = \frac{1}{2}y_1^2 \tan\varphi dx \tag{3-12}$$

整个入水楔形的体积：

$$v_1 = \int_{-L/2}^{L/2} \frac{1}{2}y_1^2 \tan\varphi dx = \tan\varphi \int_{-L/2}^{L/2} \frac{1}{2}y_1^2 dx \tag{3-13}$$

同理，整个出水楔形的体积：

$$v_2 = \tan\varphi \int_{-L/2}^{L/2} \frac{1}{2}y_2^2 dx \tag{3-14}$$

在等体积倾斜条件下，$v_1 = v_2$，即

$$\int_{-L/2}^{L/2} \frac{1}{2}y_1^2 dx = \int_{-L/2}^{L/2} \frac{1}{2}y_2^2 dx \tag{3-15}$$

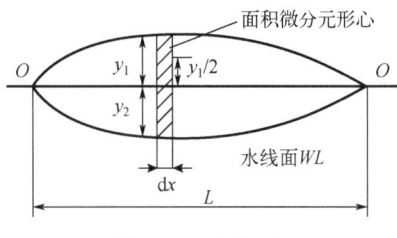

图 3-12 水线面

如图 3-12 所示，式(3-15)左右两侧分别表示水线面 WL 在轴线 O—O 两侧的面积对轴线 O—O 的静矩。由于水线面 WL 对于轴线 O—O 的面积静矩为 0，即 O—O 通过水线面 WL 的形心，水线面的形心又称为漂心。

如图 3-11 所示，认为水线面由 WL 变为 W_1L_1，相当于把楔形 WOW_1 这部分体积移至楔形 LOL_1 处，其形心则自 g_2 移至 g_1。设横倾后的浮心自 B 点移至 B_1 点，根据重心移动原理来分析水面无人艇倾斜后浮心的移动距离：

$$\overline{BB_1} = \overline{g_1g_2}\frac{v_2}{\nabla} = 2\overline{g_1O}\frac{v_1}{\nabla} \tag{3-16}$$

式(3-16)右端 $v_1\overline{g_1O}$ 是入水楔形体积对于 O—O 轴的静矩：

$$v_1\overline{g_1O} = \int_{-L/2}^{L/2} \frac{1}{2}y \cdot y \tan\varphi dx \cdot \frac{2}{3}y = \frac{1}{3}\tan\varphi \int_{-L/2}^{L/2} y^3 dx \tag{3-17}$$

在小角度假设下，认为 $\tan\varphi \approx \varphi$，则有

$$2v_1\overline{g_1O} = \frac{2}{3}\varphi \int_{-L/2}^{L/2} y^3 dx \tag{3-18}$$

水线面 WL 的面积对于纵向中心轴线 O—O 的横向惯性矩为

$$I_T = \frac{2}{3}\int_{-L/2}^{L/2} y^3 dx \tag{3-19}$$

代入式(3-16)，则有

$$\overline{BB_1} = \frac{I_T}{\nabla}\varphi \tag{3-20}$$

在小角度假设下，圆弧 $\overset\frown{BB_1} \approx \overline{BB_1} = \overline{BM}\varphi$，则横稳心半径：

$$\overline{BM} = \frac{I_T}{\nabla} \tag{3-21}$$

式(3-21)是在等体积小角度倾斜条件下推导的,而在实际解决初稳性问题时可推广到倾斜角度小于 10°～15° 的情况。这相当于假定水面无人艇在等体积小角度倾斜过程中,浮心移动曲线是以横稳心半径为半径的圆弧,稳心 M 点位置保持不变,浮力作用线均通过稳心 M。根据这个假定,既可使讨论问题简化,又能在实用中计算简便。

在等体积纵倾时(图 3-13),与前面所讨论的横倾情况相同,完全可以得出类似的结果,纵稳心半径:

$$\overline{BM}_L = \frac{I_L}{\nabla} \tag{3-22}$$

式中,I_L 为水线面对于过漂心的横向轴的惯性矩,$I_L = I - A_W x_F^2$,$I = 2\int_{-L/2}^{L/2} x^2 y \mathrm{d}x$,$A_W$ 为水线面面积;x_F 为漂心纵向坐标;I 为惯性主轴惯性矩。

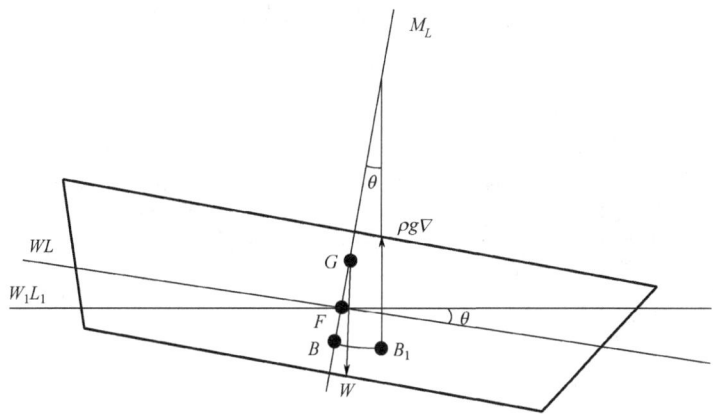

图 3-13 水面无人艇纵倾时浮心移动示意图

在小角度假设下,认为 $\sin\varphi \approx \varphi$,则式(3-10)可写成:

$$M_R = \rho g \nabla \cdot \overline{GM} \cdot \varphi \tag{3-23}$$

式(3-23)称为初稳性公式,其中初稳性高 $\overline{GM}$ 的计算是初稳性计算的关键。如图 3-14 所示为稳心、重心、浮心相对位置关系:

$$\overline{GM} = z_B + \overline{BM} - z_G \tag{3-24}$$

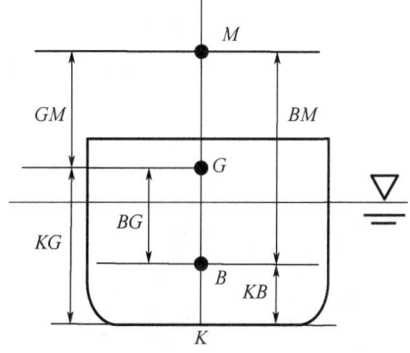

图 3-14 稳心、重心、浮心之间的关系图

3. 大倾角稳性

水面无人艇在海上常常会遇到大的风浪，在风、浪联合作用下往往发生大角度的摇摆(图 3-15)，其横倾角可达到 30°～40°，有时甚至更大。在大倾角情况下，初稳性公式不再适用，静稳性臂表示为

$$l = \overline{GZ} = \overline{B_0R} - \overline{B_0E} = \overline{B_0R} - \overline{B_0G}\sin\varphi \tag{3-25}$$

$\overline{B_0R} = l_b$ 定义为形状稳性臂，它表示浮心沿水平横向移动的距离，其数值由排水体积的形状所决定。$\overline{B_0G}\sin\varphi = l_g$ 定义为重量稳性臂，其数值主要由重心位置所决定。

根据计算结果绘制成如图 3-16 所示的 $l = f(\varphi)$ 曲线图，由于复原力矩 $M_R = \rho g\nabla \cdot l$，复原力矩 M_R 与静稳性臂 l 之间只相差一常数系数，故在曲线图上通常以一条曲线表示 $l = f(\varphi)$ 和 $M_R = f_M(\varphi)$ 这两种关系，这种曲线图称为静稳性曲线图。

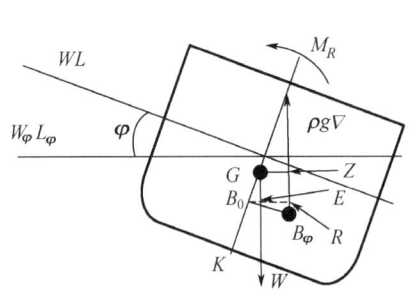

图 3-15 大倾角稳性计算示意图

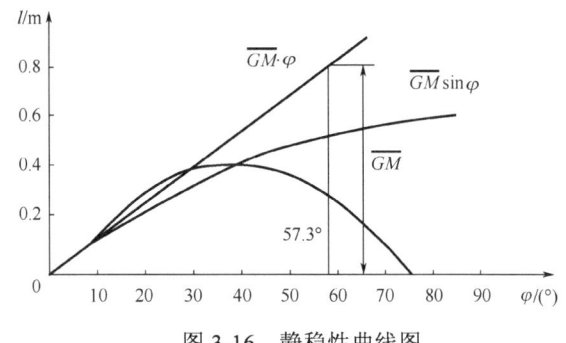

图 3-16 静稳性曲线图

把初稳性计算公式 $l = \overline{GM}\sin\varphi$ 以及初稳性近似计算公式 $l = \overline{GM}\varphi$ 都绘制在图 3-16 中，从该图中可以看到，在小倾角时，三条曲线基本上是重合的，复原力臂 l 和横倾角 φ 成线性关系。但是，随着横倾角 φ 的增加，初稳性公式不再符合实际情况，必须进行大倾角稳性计算。静稳性曲线通常可以通过列表、三维几何模型或者船舶专用软件 NAPA、Maxsurf 得到。

水面无人艇静稳性曲线的特征主要包括曲线在原点处的斜率、最大静稳性臂及其对应的横倾角、稳性范围以及曲线下的面积等。这些特征对于分析水面无人艇的稳性性能非常重要。

(1) 水面无人艇的静稳性曲线在原点处的斜率等于该艇的初稳性高。

静稳性曲线的这一特征可用于检验所绘制的静稳性曲线的正确性，如图 3-16 所示，在绘制静稳性曲线图时，通常可先在 $\varphi = 57.3°$（即约 1rad）处取高度为初稳性高、与坐标原点连线，即若静稳性曲线绘制正确，则在原点处该曲线应与连线相切。

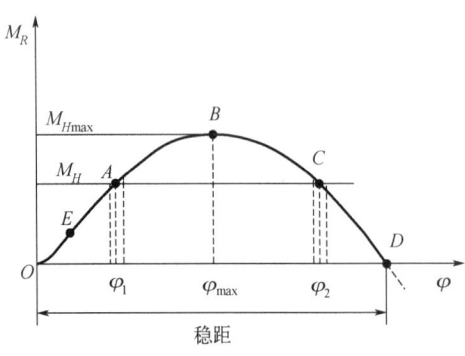

图 3-17 静稳性曲线特征

(2) 稳定平衡与不稳定平衡位置。

静稳性曲线的上升段（即图 3-17 中的 OB 段）为稳定平衡段，静稳性曲线的下降段（即图 3-17 中的 BD 段）为不稳定平衡段。

在上升段的平衡位置 A 点，当因微小扰动使横倾角稍大于 φ_1 时，复原力矩大于横倾力矩，使水面无人艇回到 A 点；当横倾角稍小于 φ_1 时，横倾力矩大于复原力矩，也会使水面无人艇回到 A 点。由此可见，当水面无人艇在平衡位置 A 点时，受到一小干扰后，总会复原到原来位置 A 点，所以说 A 点的位置是稳定平衡位置，φ_1 是所要求的静倾角。

在下降段的平衡位置 C 点，当横倾角略大于 φ_2 时，横倾力矩大于复原力矩，使水面无人艇进一步横倾；当横倾角略小于 φ_2 时，复原力矩大于横倾力矩，使水面无人艇向正浮位置复原。由此可见，当水面无人艇处于下降段的平衡位置 C 点时，受到一小干扰后，总不会回到原来位置。

(3) 甲板边缘入水角。

静稳性曲线的上升段有一个反曲点 E，在 E 点以下的曲线上升较快，过了 E 点，曲线上升趋势减慢，E 点处斜率最大。这一现象是由于水线淹过甲板边缘之前，形状稳性臂增加得很快，一旦水线淹过甲板边缘，增加的趋势就减缓下来。因此，对大多数艇型来说，反曲点 E 所对应的倾角大致对应于甲板边缘开始入水的角度，故称为甲板边缘入水角。

甲板上的上层建筑也会提供浮力，在计入上层建筑的影响后，静稳性曲线可能会出现两个峰值。

(4) 最大静稳性臂及其对应的横倾角。

从图 3-17 可以看到，静稳性曲线上的最高点 B 代表了水面无人艇所能承受的最大横倾力矩，即艇体本身所具有的最大复原力矩（臂），B 点处对应最大静稳性臂 $l_{\max}$ 和其所对应最大横倾角 $\varphi_{\max}$，是衡量水面无人艇大倾角稳性的重要指标。

(5) 稳性消失角及稳距。

静稳性曲线与横轴的远端交点为 D 点，其复原力矩 $M_R=0$，与之相对应的横倾角为稳性消失角 φ_v。O 点和 D 点之间的距离称为稳距，表示水面无人艇在该段范围内是具有复原力矩的。稳性消失角也是表示水面无人艇稳性好坏的标志之一。

(6) 静稳性曲线下的面积。

静稳性曲线下的面积等于复原力矩所做的功，即 $T=\int_0^\varphi M_H \mathrm{d}\varphi = \int_0^\varphi M_R \mathrm{d}\varphi$，如图 3-18 所示。静稳性曲线下的面积被认为是水面无人艇倾斜后所具有的位能，显然静稳性曲线下的面积越大，水面无人艇的稳性越好。因此，静稳性曲线下的面积也是表征水面无人艇稳性的一个重要标志。

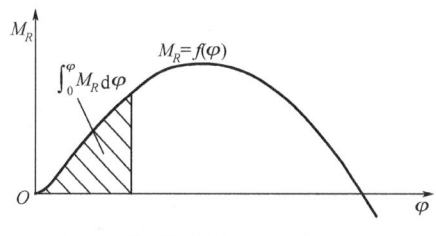

图 3-18 静稳性曲线下的面积

3.1.4 水面无人艇阻力

1. 阻力成分的划分

水面无人艇在航行过程中会受到流体（水和空气）阻止它前进的力。这种与艇体运动方向相反的作用力称为阻力。

为研究方便起见，水面无人艇总阻力按流体种类可分成空气阻力和水阻力。空气阻力是指空气对艇体水上部分的反作用力。水阻力是水对艇体水下部分的反作用力。可进一步把水阻力分成艇体在静水中航行时的静水阻力和波浪中的汹涛阻力(也称为波浪中的阻力增值)两部分。静水阻力通常分成裸艇体阻力和附体阻力两部分。附体阻力是指突出于艇体之外的附属体，如龙骨、轴支架等所增加的阻力值。

根据这种处理方法，水面无人艇在水中航行时所受到的阻力通常可分为两大部分(图 3-19)，一是裸艇体在静水中所受到的阻力，这是水面无人艇总阻力中的主要部分，也是本书着重介绍的内容，裸艇体阻力往往简称为"艇体阻力"；而另一部分阻力包括空气阻力、汹涛阻力和附体阻力，统称为附加阻力。

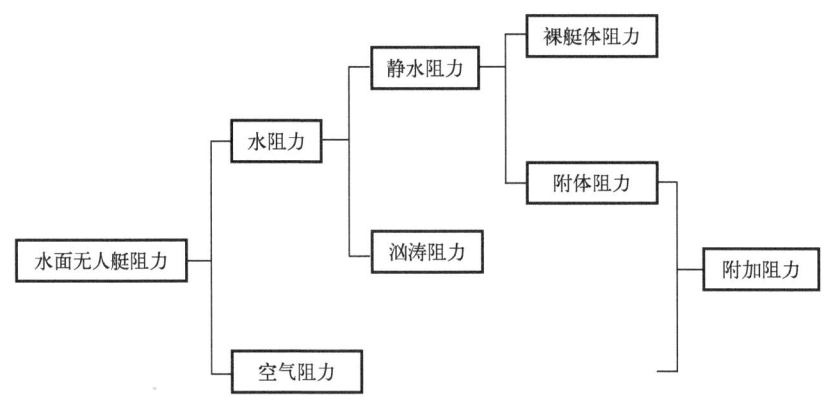

图 3-19　水面无人艇阻力分类

由于所研究问题的出发点不同，因此水面无人艇艇体阻力有不同的分类方法。

1) 按产生阻力的物理现象分类

如图 3-20 所示，水面无人艇在水中航行时，艇体周围水流呈现两个现象，即有一个随艇体移动的波形和一个沿艇体长度形成并在船后扩展的尾迹区。水流的这两个现象均是靠吸收来自艇体的能量来维持的，因此在艇体上产生阻力。这两个现象对应的阻力分别为兴波阻力 R_w 和黏性阻力 R_v，即可以认为艇体总阻力由兴波阻力和黏性阻力两部分组成：

$$R_t = R_w + R_v \tag{3-26}$$

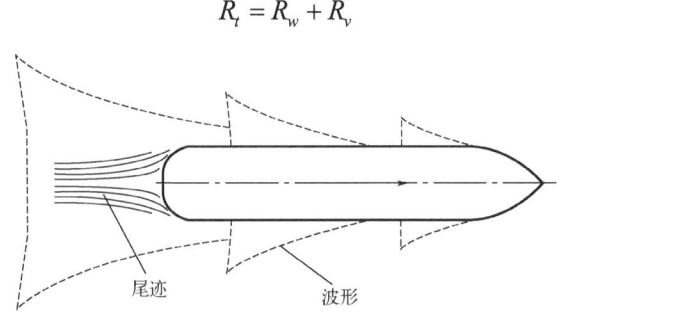

图 3-20　水面无人艇阻力成因示意图

2) 按作用力方向分类

艇体在实际流体中等速直线运动时，一方面受到垂直于艇体表面的压力作用，这种压力是由兴波和旋涡等所引起的；另一方面又受到水质点沿着艇体表面的切向力作用，即水的摩擦阻力作用。

如图 3-21 所示，由于艇体形状对称于中纵剖面，因此艇体湿表面的切向力和压力对于中纵剖面都呈对称分布，其中力 p_1 必位于中纵剖面上。在艇的重心 G 处加上一对大小等于合力 p_1 但方向相反的力 P 和 p_2。于是，艇体可以被看作在重心 G 处受到一个 P 作用力和由 p_1、p_2 组成力偶的作用，该力偶将造成艇体纵倾。作用力 P 的垂向分力 Q，支持艇体重量，称为支持力。对于速度较

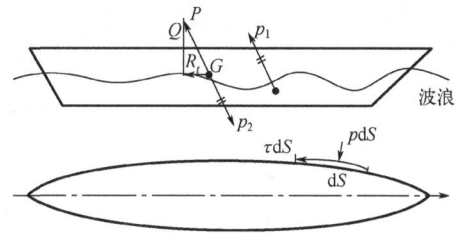

图 3-21　航行中的艇体受力示意图

低的水面无人艇，Q 中绝大部分由水的静压力组成，即静浮力；对于高速快艇，特别是滑行艇，其中流体动压力占主要部分。P 的水平分力 R_t 即为与艇体运动方向相反的总阻力。

由以上分析可知，艇体运动中所受到的总阻力 R_t 就是所有流体作用力沿运动方向的合力，即艇体表面的所有微面积 dS 上切向力 τ 和压力 p 在运动方向的合力：

$$R_t = -\int_S \tau \cos(\tau,x) dS - \int_S p \cos(p,x) dS \tag{3-27}$$

式中，S 为整个艇体浸湿表面积；负号表示该作用力与艇体运动方向相反，是阻力。第一项积分表示由作用在艇体表面上切向力所造成的阻力，称为摩擦阻力。第二项积分表示由作用在艇体表面上的压力所造成的阻力，称为压阻力 R_p。

由此可知，艇体总阻力又可划分为摩擦阻力和压阻力两种成分，即

$$R_t = R_f + R_p \tag{3-28}$$

压阻力 R_p 产生的原因有两点：一是由艇体在自由液面的兴波产生，即兴波阻力 R_w；二是流体的黏性导致艇体前后压力分布不对称，形成压力差，即黏压阻力 R_{pv}。

摩擦阻力和黏压阻力均是由于水的黏性产生，二者合并后即为黏性阻力 R_v：

$$R_v = R_f + R_{pv} \tag{3-29}$$

因此，根据水面无人艇航行过程中艇体周围的流动现象和阻力产生原因，可将水面无人艇总阻力 R_t 分为兴波阻力 R_w、摩擦阻力 R_f 和黏压阻力 R_{pv}：

$$R_t = R_w + R_f + R_{pv} \tag{3-30}$$

对于不同航速的水面无人艇，上述诸阻力成分在总阻力中的占比是不同的。在低速情况下，兴波阻力成分较小，摩擦阻力占 70%～80%，黏压阻力占 10% 以上。在高速情况下，兴波阻力将增加至 40%～50%，摩擦阻力占 50% 左右，黏压阻力仅占 5% 左右。

综上所述，水面无人艇船体总阻力与各阻力成分间的关系如图 3-22 所示。

阻力是当艇体与其周围的流体有相对运动时产生的，相对运动速度越大则阻力越大。水面无人艇相对于水的速度称为静水速度，其相对岸壁的速度称为技术速度，应将它们区别开来。水面无人艇逆流和顺流航行的技术速度不同，但只要相对于水的速度相同，则阻力的大小也是相同的。

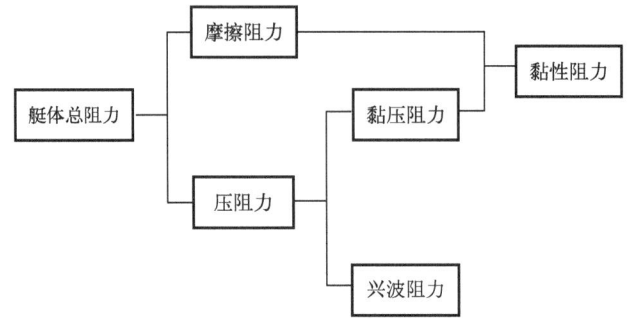

图 3-22 艇体阻力划分

2. 水面无人艇各阻力成因

1)摩擦阻力

当一平板在无界静止的水中沿其平面方向以速度 V 运动时,平板拖带其邻近的水前进。根据试验结果,水与平板接触处的速度等于平板的速度 V;离平板稍远的水,不受平板的影响而呈静止状态;而仅有接近平板的一薄层水具有平面方向的速度,该速度由平板表面处的 V 变化至离平板稍远处的 0,薄层水中的速度梯度将产生切应力,其大小视水的黏性系数和速度梯度而定,这个薄层称为边界层。边界层以外的水中不产生切应力,所以水的黏性作用可予以忽略,其情形可看作与平板在理想流体中运动时的情形相似。这就是著名的边界层理论。

边界层的厚度是一个近似的数值,因为在理论上水黏性的影响可达到距平板很远处。实际上常假定距平板一定的距离作为边界层厚度。假定水流经静止的平板,该处水流的速度等于被扰动前流速的 99%。

如图 3-23 所示,因平板前端所遇的是静止的水,所以该处水与平板的相对速度就是平板的绝对前进速度 V;平板中段某处所接触的水,则已受到平板前段的拖带作用,具有相对向前速度,所以对平板的相对速度较前端处更小,其单位面积所受的局部切应力(或称为局部阻力)也必较小。可见越靠后,单位面积的局部阻力越小,换句话说,若平板越长,其平均阻力越小。

因平板的拖带作用逐渐向外扩张,所以在平板前端边界层厚度为零,越靠后则厚度越大,根据流体力学理论,可得层流平板边界层的厚度为

$$\delta = 5.2\left(\frac{Vx}{\upsilon}\right)^{-1/2} \cdot x \tag{3-31}$$

式中,δ 为 x 处的边界层厚度;υ 为流体运动黏性系数,$\upsilon = \mu/\rho$,μ 为流体动力黏性系数,ρ 为流体密度;x 为距平板前端的距离。可见,δ 随 $x^{1/2}$ 的增加而增大。

式(3-31)是针对较短的平板、较低的运动速度而言的,即低雷诺数时,边界层内水质点以一定方向前进,不相混乱,各不相扰,这种流动称为层流。若速度较高,则在长平板的后部,即高雷诺数时,水质点的运动不再维持一定方向,互相撞击,极不规则,但相当数目水质点在较短时间内的平均速度仍沿一定方向,这种流动称为紊流或湍流。因

雷诺数是一个速度与长度相乘并除以运动黏性系数的无因次系数,在平板上某点的雷诺数为该点处边界层以外的速度与该点距平板前端的距离相乘,再除以运动黏性系数,所以沿平板表面上各点各有不同的雷诺数。若平板全长为 L,则其末端的雷诺数为 VL/υ,而距前端较近处的雷诺数较小,所以通常平板前端部分边界层中极易发生层流,而较后处边界层中则为紊流。在层流区与紊流区之间有一过渡区。

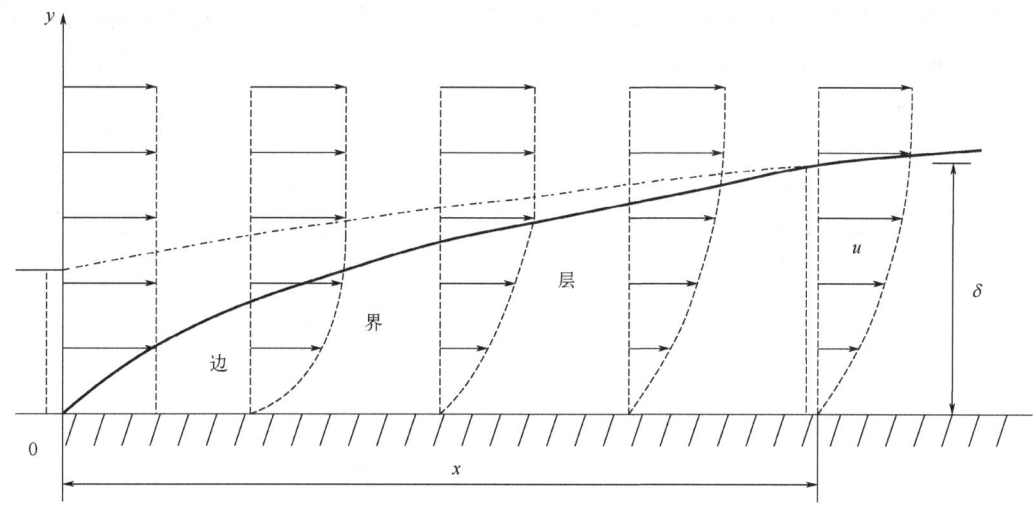

图 3-23 平板的边界层

边界层中发生紊流后,由于水质点互相撞击发生动量交换,使边界层内速度分布较层流时更为均匀,所以靠近平板表面的速度梯度增大,表面阻力也随之增大。实际上接近平板表面的水质点运动受到限制,所以仍为层流,称为层流底层。普朗特给出紊流平板边界层的厚度为

$$\delta = \frac{0.0598}{\lg Re_x - 3.107} \cdot x \tag{3-32}$$

式中, $Re_x = Vx/\upsilon$ 。

若 x 不变,即距平板前端一定距离处,其边界层厚度随速度增加而减小。因理想流体可视作运动黏性系数 $\upsilon = 0$ 的实际流体,其雷诺数 $Re = \infty$,边界层厚度 $\delta = 0$,所以速度越高,其流动情况必越接近于理想流体。

比较单位时间内流经如图 3-24 所示的平板在 AB 和 CD 截面处的流量 Q_{AB} 和 Q_{CD}:

$$Q_{AB} = \int_0^\delta V \mathrm{d}y \tag{3-33}$$

$$Q_{CD} = \int_0^\delta u \mathrm{d}y \tag{3-34}$$

式中, u 为边界层内的速度。

可见,因为 $u < V$,所以 $Q_{AB} > Q_{CD}$,这里证明了边界层的边缘并非流线。令

$$Q_{AB} = Q_{CD} + V\delta^* \tag{3-35}$$

式中，$V\delta^* = \int_0^\delta (V-u)\mathrm{d}y$，进一步可写为如下形式：

$$\delta^* = \int_0^\delta \left(1 - \frac{u}{V}\right)\mathrm{d}y \tag{3-36}$$

式(3-36)中右边的积分代表平板阻力所产生的减速导致的单位时间内流量的减少。因此，边界层以外的流线将因此平板阻碍而被排挤到δ^*距离以外，所以称为边界层排挤厚度。换句话说，由于边界层存在，流线形状会随之改变。

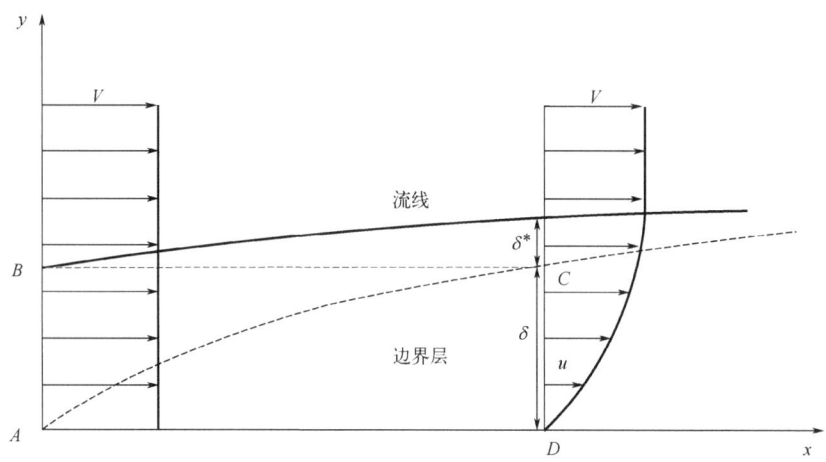

图 3-24 排挤厚度

当无人艇在水中运动时，也存在边界层，不同的是边界层外缘的速度在中部较大，而在两端较小，其数值与由理想流体理论所计算得到的在艇体边缘的速度相等，如图 3-25 所示。虽在边界层以外部分中也有速度梯度和摩擦切应力，但与边界层以内部分相比，其梯度极小，故黏性影响可忽略不计。

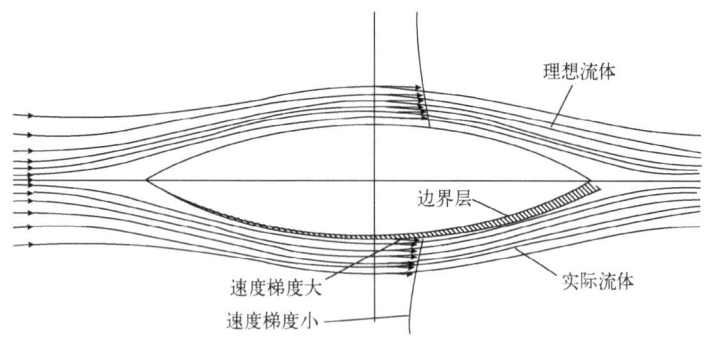

图 3-25 边界层内外的流动

2) 黏压阻力

假设水中船形物体不动，水以等速流向该物体，如图 3-26 所示。如果水为理想流体，则在物体上前分流点的压力最大；经过前分流点后，速度渐增，压力渐减；在中部速度最大，压力最小；经过中部后，速度渐减，压力渐增；至后分流点，其压力等于前分流点的压力，压差(阻力)为零。

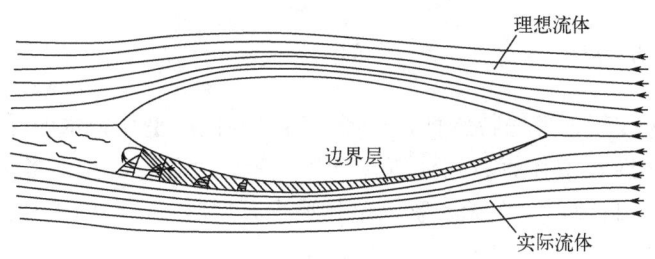

图 3-26 黏压阻力的成因

对于黏性流体，边界层外缘的压力会传递至边界内的流体，且大小维持不变。由于沿物体表面边界层不断增厚，与理想流体的情况相比，相当于物体后半部的形状有较大变化，艉缘点处的流速不能达到 0，相应压力不能达到极大值，因此物体后半部的压力降低，从而导致艏艉出现压力差，即黏压阻力。另外，由于边界层中存在黏性摩擦力，流体速度减低，在中部已较在理想流体中更小，待进入压力渐增区域，速度将更小。至某一位置时，流体不能再继续向左流动，于是由边界层外缘传入的压力使其转而向右。因此，在此位置以后水质点被迫向外而产生边界层分离。在分离点后，产生一个不连续面。由于不连续面上水质点间的相对运动，会产生旋涡。一部分旋涡被冲向下流，但物体后部仍继续产生旋涡。被冲出的旋涡带走能量，其结果是物体前后压力分布不对称，后部压力降低，也就是流体对物体产生一个向左的力，即黏压阻力。以上对边界层分离和黏压阻力理论的详细解释可参阅边界层理论的有关资料。

产生黏压阻力的主要原因是表面摩擦和物体后部的减速流动，使艇体前后压力分布不对称，边界层发生分离现象，分离现象出现得越靠后，压差越小，即黏压阻力越小。为减小黏压阻力，应使分离点尽量远离前缘或者前驻点。基于这一结论，人们把物体设计成流线型，从而通过采用小曲率壁面，使物体后部的压力梯度减小，因此减速流动随之减弱，逆压梯度被尽可能抑制，进而可大大减小黏压阻力。又因边界层的作用使压力梯度与理想流体情况相比更平坦，因而可能不会产生边界层分离和旋涡，这时的黏压阻力是沿边界层长度由于排挤厚度而使压力重新分布所形成的压阻力。由于运动物体的形态决定了流动分离和分离区域的扩展，因此黏压阻力也称为形状阻力。

3）兴波阻力

无人艇在水面上运动时会扰动周围的水，从而使艇体周围的流体压力分布发生变化。在压力作用下，水质点离开初始时刻的平衡位置，在水面表现出凸凹不平。无人艇驶过后，凸面的水质点在重力作用下向凹面运动，运动到平衡位置后，在惯性力作用下继续向下运动。这样，在重力和惯性力作用下，水质点在平衡位置附近做振荡运动，在艇体后方水表面形成不断向外传播的波浪。该艇体兴波导致艇体前后压力分布不对称，进而产生与无人艇运动方向相反的压阻力，即为兴波阻力。或者从能量的观点来看，因兴波要消耗能量，艇体要对水做功，根据作用力与反作用力原理，水对艇体的反作用力的水平分量就是兴波阻力。

重力在艇体兴波形成过程中是不可缺少的，而黏性阻力与重力相比很小，常可忽略不计。

3. 滑行艇阻力特点

考虑到水面无人艇任务的特殊性，一般采用高性能艇型作为水面无人艇的平台载体，包括滑行艇、水翼艇、双体艇、三体艇、气垫艇等各种复合艇型，各类艇型特点及应用将在4.1.3节阐述。目前，水面无人艇以单体滑行艇型居多，下面重点介绍单体滑行艇的阻力特点及计算方法。

由于滑行艇是艇体抬起在水面上航行的，因此它在流体动力性能上具有一系列与排水艇不同的特点。首先其静水航行阻力成分发生了变化，其相应的阻力规律也发生变化。在高速时，艇体与水的接触面大大减小，使兴波阻力与黏性阻力均大幅度下降，与此同时出现了新的阻力成分，如飞溅阻力等。因为水动升力是随航速增加而增大的，故随航速的增加和艇体的上抬，相应的浸湿表面积减小，因而阻力随航速增加而增大的程度要比排水艇缓和。在低速排水航行时，滑行艇艇型肥短，又具有尖舭，故比排水艇有更大的阻力。但在高速时，其阻力就比排水艇的阻力小得多。

根据艇体所受到的流体支持力的大小，可以把水面无人艇的运动大致划分为三种典型的航态。

1) 排水航行状态

航速较低，艇体基本上由静浮力支持，航态接近静浮。这个速度范围内的各种水面无人艇的阻力以及其他性能问题可以认为与航态无关，统称为排水型水面无人艇。

2) 过渡（或半滑行）状态

随着航速提高，航态较静浮有明显的变化，艇艏上抬较大，艇艉下沉明显，呈现明显的艉倾现象。艇体流体动力较排水状态明显增大，在艇体垂向支持力中，升力的占比不可忽视，这时艇的排水体积明显小于静浮时。此时，水面无人艇航态的变化将对其航行性能产生重要的影响。

3) 滑行状态

航速很高时，艇体吃水变化很大，整个艇体被托起并在水面上"滑行"，仅有一小部分艇体表面与水接触，这种状态的艇称为滑行艇。滑行艇滑行时，静浮力很小，艇体几乎完全由流体动升力来支持。滑行艇的阻力性能与航态的关系极为密切。

具有一定攻角的平板沿水面滑行时，其下方的流体流动与平板受力如图3-27所示。图中的速度矢量表明了和平板有关系的流体流向。驻点处的流体被分为两个部分，一部分向后，另一部分向前。该点处的压力（水动压力）最高，所有的流体动能被转化为压力。驻点两侧的压力是下降的，并最终下降为零，这个现象发生在整个平板的随边和驻点前部的流体轨迹与平板平行的位置。更前方薄层流体破碎飞溅后，落到水面上。

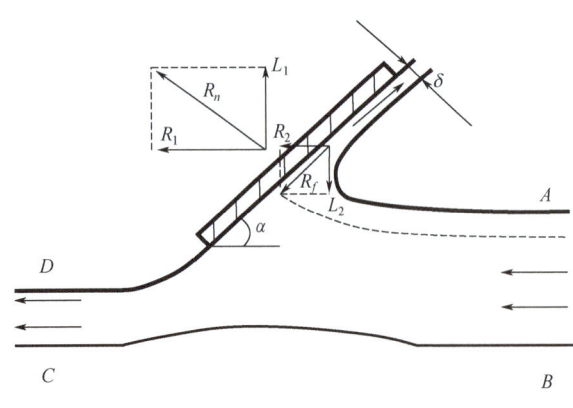

图3-27 滑行平板受力示意图

高压所产生的作用力与平板成直角,该力在铅垂线方向的分力就是水动升力,用于平衡滑行艇自身的重力,同时其水平方向的分量是总的压阻力,基本是兴波阻力。

对于一般的排水型艇来说,它们在航行过程中的航态几乎与静浮状态没有明显的差别,即航行过程中航态改变不大。与排水型艇不同,滑行艇在航行过程中不但航态与静浮时有显著不同,而且在不同航速时,航态的改变情况也完全不同。由于排水量不同,不同滑行艇进入滑行状态所需的速度也不相同,为了描述滑行艇航态变化与速度及排水量的关系,这里引入排水体积弗劳德数:

$$Fr_V = \frac{V}{\sqrt{g\nabla^{\frac{1}{3}}}} \tag{3-37}$$

式中,V 为滑行艇的航速;∇ 为滑行艇的排水体积;g 为重力加速度。

滑行艇在实际航行过程中,随着速度的增加,航态要经历排水状态、过渡(或半滑行)状态、滑行状态三个阶段,图 3-28 中竖线 I 和 II 分别对应于代表滑行艇型水面无人艇吃水状态发生"量变"到"质变"的界限位置。一般来说,以 $Fr_V =1$ 和 $Fr_V =3$ 两个速度点附近划分为三种航态,但是不能仅凭 Fr_V 就在滑行状态和非滑行状态之间划出一道明确的界线。当滑行艇处于滑行状态时,其重量主要由水动压力载荷支撑,此时浮力的作用退居第二位。因此,划分滑行艇型水面无人艇航态的主要依据是水动压力的大小。

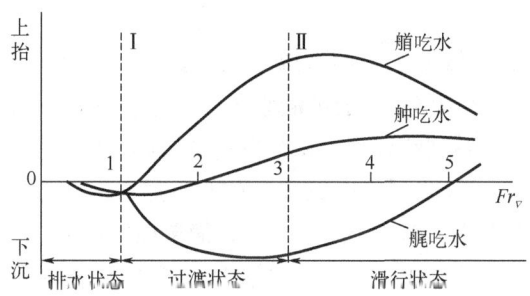

图 3-28 滑行艇航态与艏、艉吃水的变化

水动压力不仅抬升水面无人艇,而且影响着它的纵倾角。随着航速的提高,水面无人艇在艏、艉处的垂向升沉位移逐渐加大,艇体的艉倾(抬艏)也逐渐增大。这表明维持水面无人艇垂向平衡的支持力不仅仅是流体的静浮力,还有流体动升力的作用;随着航速的提高,流体动升力的作用越来越大,且其合力作用点逐渐后移,水面无人艇纵倾逐渐加大,并将有一个最大纵倾值出现。

图 3-29 给出了不同艇型阻力随航速变化曲线的比较。可见,高速艇的阻力性能不但与排水型水面无人艇有明显的不同,而且各种高速艇彼此间阻力性能均不相同。

在低速度时,排水型艇阻力较低,随着航速增高,其阻力迅速增加。可以看到,圆舭过渡型艇和滑行艇在低速时的阻力反较排水型艇稍高。但随着航速增加,它们的阻力值就显著地较排水型艇要低。特别是滑行艇在更高的航速范围内,阻力曲线变得相当平坦,随航速增加,艇体阻力几乎没有很大的增加,其原因是艇体已处于滑行状态,阻力成分发生了变化。而对于水翼艇,在低速度时,总阻力中除艇体本身阻力外,还有水翼及其支柱的附加阻力,所以比排水型艇、圆舭过渡型艇、滑行艇均要高。随着航速增高,阻力虽也渐增,但到某一速度时,艇体的水翼产生的升力终会将艇体托离水面,因而总阻力骤降,这一速度点称为"起飞点"。速度继续增大,则艇体完全在水翼的升力支持下在水面高速航行,此时称为翼航状态。翼航状态的阻力较滑行艇还要低,因而水翼艇可以达到更高的航速范围。

高速艇的阻力规律因其航行状态不同而有显著差别。其他的航行性能也各具特殊性。

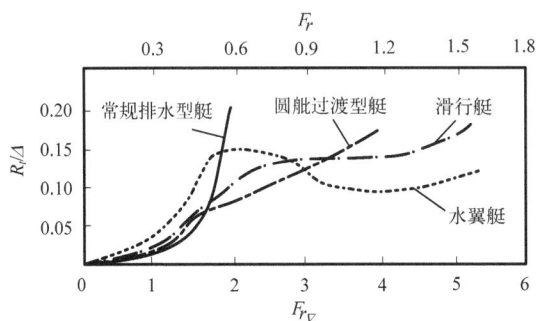

图 3-29 不同艇型阻力随航速变化曲线的比较

4. 滑行艇阻力计算方法

目前,滑行艇的阻力计算方法主要有以下四类。

(1) 根据滑行平板试验结果分析归纳得到的半经验半理论公式。

这类方法主要是通过一系列滑行平板试验资料分析归纳所得的升力、阻力的计算表达式来确定实际滑行艇的水动力性能。其中,最著名的有丹尼尔·沙维斯基(D.Savitsky)提出的计算高速尖舭艇动升力和阻力的半理论半经验公式,简单而实用的有大隅三彦等给出的用于中速下估算半滑行艇有效功率的公式。这些公式常用于概念设计、初步设计阶段。

(2) 利用滑行艇系列模型试验图谱进行计算。

这类方法完全基于试验资料,因此其正确性取决于计算艇的艇型与系列模型试验艇型的接近程度。船模系列试验资料中比较著名的有:美国海军 62 系列(Series 62),为 V 形尖舭、12.5°舭部斜升角艇型;德尔福特系列 1 和 2(Delft Series 1,2),为 V 形尖舭、25°和 30°舭部斜升角艇型;美国海军 64 系列(Series 64),为 V 形圆舭艇型。如果选对了艇型和设计参数,用这种方法求得的阻力就比较精确。但由于许多船模系列试验资料都相当陈旧(有的超过 50 年),与现代艇型、参数有很大的不同,所以在选择船模系列时要格外小心,尽可能使其与新设计的艇相似,并使设计参数落在该系列船模参数的有效范围内。

(3) 模型试验方法。

这是确定给定艇型阻力性能的最可靠的方法,但是由于滑行艇的航态不同于一般排水型艇,因此滑行艇的模型阻力试验有其特殊的要求。这类方法得出的阻力精度高,可以通过换算得出实艇的阻力和有效功率,从而求得该水面无人艇的航速。但是,这种方法耗时费力,花费较高,一般针对新设计艇型,在建造前考虑采用该方法检验设计方案的合理性。

(4) 计算流体力学(computational fluid dynamics,CFD)方法。

CFD方法的出现和发展,弥补了理论流体力学和试验流体力学的不足,成为流体力学研究的一个重要手段。该方法成本比试验方法低,但并不能取代真实条件下的试验。由于CFD技术的计算结果精度往往取决于对复杂流场仿真前置处理时的边界条件、物性参数等的定义是否真正与实际的一致,以及计算方法与后置处理是否准确等方面,因此CFD计算结果需要得到试验或实际物理流场的验证才可靠。

与排水型艇水线面以下复杂的艇形相比,滑行艇水线面以下的艇体几何外形比较简单,接近于平板或带斜升角的楔形板,因此针对合理的适用范围选择合适的经验公式可以帮助快速计算滑行艇阻力,这里介绍两种目前最常用的滑行艇阻力估算方法。

1) SIT法

滑行艇的水动裸艇体阻力一般由三部分组成:由压力产生的压阻力、切向作用于底部压力区的摩擦阻力、切向作用于底部喷溅区的摩擦阻力。如果艇的航速不高,第三项阻力可以忽略。但是,如果艇的滑行速度较高,还需考虑第三项阻力。

(1) 压阻力。

当给定纵倾角 θ、排水量 Δ 时,压阻力为

$$R_p = \Delta \tan\theta \tag{3-38}$$

(2) 作用于底部压力区的摩擦阻力。

由于滑行艇底部压力高于自由表面压力,底部的平均速度 v_1 会小于来流速度 V。Savitsky等给出了一个底部平均速度的表达式:

$$v_1 = V\sqrt{\frac{1-(C_{L1}-0.0065\beta C_{L1}^{0.6})}{\lambda\cos\theta}} \tag{3-39}$$

式中,β 为斜升角;$C_{L1} = 0.012\lambda^{1/2}\theta^{1.1}$。

压力区的切向摩擦阻力为

$$D_f = \frac{1}{2} \cdot \frac{(C_f + \Delta C_f)\rho v_1^2 \lambda B^2}{\cos\beta} \tag{3-40}$$

式中,C_f 为摩擦阻力系数,由式(3-41)计算;ΔC_f 为粗糙度补贴;B 为船宽;λ 为平均浸湿长宽比。

$$C_f = \frac{0.075}{(\lg Re - 2)^2} \tag{3-41}$$

其中,Re 为雷诺数:

$$Re = \frac{v_1 \lambda B}{\upsilon} \tag{3-42}$$

由于 $\cos\theta$ 近似取1,压力区的摩擦阻力为

$$R_f \approx D_f = \frac{1}{2} \cdot \frac{(C_f + \Delta C_f)\rho v_1^2 \lambda B^2}{\cos\beta} \tag{3-43}$$

(3) 作用于底部喷溅区的摩擦阻力。

在高速度时，喷溅区作用于喷溅方向的黏性力为

$$D_s = \frac{1}{2} \cdot \frac{C_{fs}\rho V^2 B^2 \cos\theta}{4\sin\vartheta\cos\beta} \tag{3-44}$$

式中，C_{fs} 为喷溅区的摩擦系数；ϑ 为须状飞溅外缘与龙骨间的夹角。

喷溅区在来流方向的摩擦阻力 R_s 称为喷溅阻力，即

$$R_s = D_s \cos\Phi \cos\theta = \frac{1}{2} \cdot \frac{C_{fs}\rho V^2 B^2 \cos^2\theta \cos\Phi}{4\sin\vartheta\cos\beta} \tag{3-45}$$

式中，$\Phi = \vartheta/\cos\beta$。

为方便使用，假设在喷溅区的有效长宽比为

$$\Delta\lambda = \frac{\cos\Phi}{4\sin\vartheta\cos\beta} \tag{3-46}$$

由于航行纵倾角 θ 较小，$\cos\theta$ 近似等于1，因此式(3-45)可简化成类似于式(3-43)的形式：

$$R_s \approx \frac{1}{2}C_{fs}\rho V^2 \Delta\lambda B^2 \tag{3-47}$$

当雷诺数 $Re = \dfrac{VL_{ws}}{\upsilon} \geq 1.5\times10^6$，其中 $L_{ws} = \dfrac{B}{4\sin\theta\cos\beta}$ 为特征长度，取喷溅边长的一半时，喷溅区的摩擦系数为

$$C_{fs} = \frac{0.074}{Re^{0.2}} - \frac{4800}{Re} \tag{3-48}$$

把由压力产生压阻力 R_p、作用于底部压力区的摩擦阻力 R_f 和喷溅区的摩擦阻力 R_s 加在一起，这样总阻力 R_t 可如下表达：

$$\begin{aligned}R_t &= R_p + R_f + R_s \\ &\approx \Delta\cdot\tan\theta + \frac{1}{2}\rho B^2 V^2\left[\frac{\lambda(C_f + \Delta C_f)v_1^2}{V^2\cos\beta} + C_{fs}\Delta\lambda\right]\end{aligned} \tag{3-49}$$

2) 查洁法

查洁法是一种用于估算滑行艇在静水中航行姿态的方法，既可以适用于低速排水阶段，也可以适用于滑行阶段。查洁法计算滑行艇阻力的方法如下。

首先，根据艇重 Δ、艇速 V、艇舯部折角线宽度和艉部折角线宽度的平均值 $\overline{B}$、重心到艉板的水平距离 L_{cg}，计算出艇宽弗劳德数 Fr_B、升力系数 C_{Lo} 及重心纵向位置系数 m_Δ：

$$Fr_B = \frac{V}{\sqrt{g\overline{B}}} \tag{3-50}$$

$$C_{Lo} = \frac{\Delta}{0.5\rho V^2 \overline{B}^2} \tag{3-51}$$

$$m_\Delta = \frac{L_{cg}}{\overline{B}} \tag{3-52}$$

然后，根据方程组(3-53)，确定滑行平板的纵倾角 θ、浸湿长宽比 λ：

$$\begin{cases} \dfrac{C_{Lo}}{\theta} = \dfrac{0.7\pi\lambda}{1+1.4\lambda} + \dfrac{\lambda-0.4}{\lambda+0.4} \cdot \dfrac{\lambda^2}{Fr_B^2} \\ \\ m_\Delta = \dfrac{\dfrac{0.7\pi\lambda}{1+1.4\lambda}\left(0.75+0.08\dfrac{\lambda^{0.865}}{\sqrt{Fr_B^2}}\right) + \dfrac{\lambda-0.8}{3\lambda+1.2}\cdot\dfrac{\lambda^2}{Fr_B^2}}{\dfrac{0.7\pi\lambda}{1+1.4\lambda} + \dfrac{\lambda-0.4}{\lambda+0.4}\cdot\dfrac{\lambda^2}{Fr_B^2}} \end{cases} \tag{3-53}$$

再计及横向斜升角 β 的影响对纵倾角进行修正，即用式(3-54)计算考虑 β 影响后的纵倾角 θ_β，但对浸湿长宽比 λ 不做修正：

$$\theta_\beta = \theta + \frac{0.15(\sin\beta)^{0.8}}{Fr_B^{0.3}} \cdot \frac{1-0.17\sqrt{\lambda_\beta \cos\beta}}{\sqrt{\lambda_\beta \cos\beta}} \tag{3-54}$$

式中

$$\lambda_\beta = \frac{\lambda^{0.8}}{\cos\beta}\left[1-0.29(\sin\beta)^{0.28}\right] \cdot \left[1+1.35(\sin\beta)^{0.44}\frac{m_\Delta}{Fr_B}\right]$$

最后，计算浸湿表面积 S_F、浸湿长度 L_I、雷诺数 Re：

$$S_F = \lambda \overline{B}^2 \tag{3-55}$$

$$L_I = \lambda \overline{B} \tag{3-56}$$

$$Re = \frac{VL_I}{\upsilon} \tag{3-57}$$

根据上述过程，可由式(3-58)计算总阻力为

$$R_t = \Delta \cdot \tan\theta_\beta + 0.5(C_f + \Delta C_f)\rho V^2 S_F \tag{3-58}$$

式中，C_f 由式(3-41)计算，用到的雷诺数 Re 按式(3-42)计算；取 $\Delta C_f = 0.4\times10^{-3}$。

根据以上计算过程，即可估算得到滑行艇的纵倾角及阻力值。

3.2 水下机器人原理

3.2.1 水下机器人主要技术指标参数

在研究水下机器人时，需要规定一些表示数量概念的指标，以评估水下机器人的技术性能。常见的主要技术指标参数包括主尺度、重量与排水量、最大工作深度、航速及续航力等。下面以 AUV 为例详细介绍这些指标的含义和具体内容。

1. 主尺度

由于水下机器人以水下航行作业为主，因此其在水面的状态不是本节的重点，详细描述可参考水面无人艇。AUV 的主尺度主要关注三个部分：艇长、艇宽和艇高。

总长 L_{OA}、总宽 B_{OA} 和总高 H_{OA}：水下机器人的最大包络尺寸，即水下机器人包括突出体在内的在长度、宽度和高度方向上的最大距离，一般在运输、布放回收时需要用到。

型长 L、型宽 B 和型高 H：水下机器人去除表面附体后，主艇体在长、宽、高三个方向上的尺度，一般在计算水动力性能时用到。

2. 重量与排水量

物体排水量即其在水中的浮力。对于正常状态的水面船和潜艇，由于严格的浮性平衡要求，其重量和排水量在数值上是相等的，常常当作一个量来处理。而对于水下机器人来说，浮性平衡条件中的重力、浮力相等，并不严格要求，一般为了保证水下机器人在失去动力等故障时能自行返回水面，在设计时会要求其浮力略微大于重力。因此，对于水下机器人，其重量和排水量要有所区分。

1）水下机器人重量

水下机器人重量主要有两种：空气中重量和水下航行重量。

空气中重量 W 是指水下机器人上所有部件的重量之和，包含承压水密结构及其内部的所有器件、油液等，如可调压载水箱内的压载水。

水下航行重量 W_M 是指机器人空气中重量与全部非水密艇体内部进水重量之和。

空气中重量及对应的重心参数主要用在浮性、稳性等静水力分析中，如设计阶段的重力、浮力平衡计算等。水下航行重量及对应的重心参数主要用于研究水下机器人运动性能，如快速性、操纵性研究等。

2）水下机器人排水量

水下机器人排水量分为静排水量和全排水量两种。

静排水量 $\varDelta$ 是指水下机器人全部水密部件、设备和结构的浮力之和。

全排水量 $\varDelta_{form}$ 是指整个水下机器人艇体排水量。例如，对于采用流线型轻外壳包络的水下机器人，其全排水量即为轻外壳表面包络体积排水量与突出于轻外壳表面的全部附体排水量之和，因此也将全排水量称为型排水量。在数值上，全排水量等于静排水量与全部非水密艇体内部进水重量之和。对于采用全耐压结构的水下机器人，静排水量与全排水量在数值上是相等的。

当水下机器人处于浮性平衡状态时，要求空气中重量与静排水量数值相等、水下航行重量与全排水量数值相等。

3. 最大工作深度

水下机器人执行的任务不同，其工作水深的范围也有所不同。最大工作深度 H_{op} 是指水下机器人能长时间持续航行、作业的最大深度。

4. 航速及续航力

航速是指 AUV 在不同航行状态下的航行速度，通常以"节"为单位，对应英文为 knot(缩写为 kn)，1kn≈0.5144m/s。AUV 在静深水条件下，推进器发出最大功率所能达到的航行速度为水下最高航速。

航程是指 AUV 在满能量条件下所能连续匀速航行的最远距离，对应速度称为经济航速。

续航力是指 AUV 在满能量条件下执行特定任务时所能连续匀速航行和工作的最长时间，对应航速即为该任务的巡航速度。如果 AUV 可执行不止一种任务，所对应的巡航速度可能是不同的，具体取决于对应任务载荷的功耗。

续航力是 AUV 非常重要的指标，其值的大小与任务载荷功耗、AUV 阻力特性、推进系统效率、携带的可用能源总量等因素关系密切。

3.2.2 水下机器人浮性

AUV 在一定装载状态下，能够在水面漂浮或浸没悬浮于极限深度以浅的能力称为 AUV 的浮性。AUV 在水面状态的浮性具有与水面无人艇相同的规律性，但处于水下状态时，其浮性规律存在一定的差异。

AUV 稳定悬浮于水下时具有以下四种浮态。

1. 正浮状态

水下机器人悬浮于水中，艇体中纵剖面和中横剖面都垂直于水面的一种浮态，此时 Ox、Oy 轴水平，艇体横倾角和纵倾角为零，如图 3-30 所示。其平衡方程为

$$\begin{cases} W = \Delta \\ x_B = x_G \\ y_B = y_G = 0 \end{cases} \quad (3\text{-}59)$$

式中，W 为水下状态时 AUV 的重量；Δ 为水下状态时 AUV 的静排水量，且有 $\Delta = \rho g \nabla$，其中 ρ 为 AUV 周围液体的密度，g 为重力加速度，∇ 为水下状态时 AUV 的排水体积；x_G 和 y_G 为水下状态时 AUV 重心 G 的纵向和横向坐标；x_B 和 y_B 为水下状态时 AUV 浮心 B 的纵向和横向坐标。

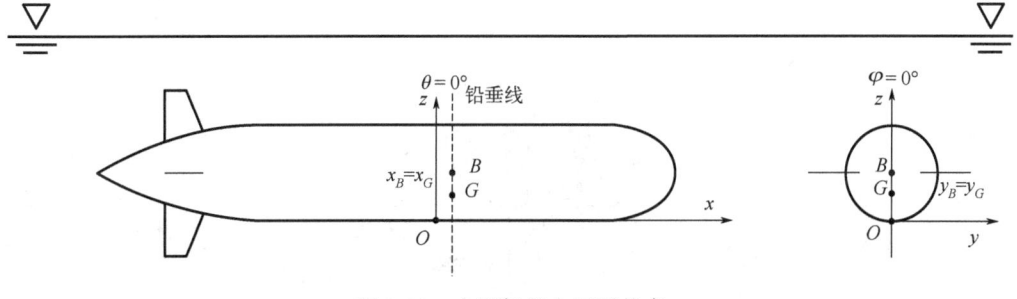

图 3-30 水下机器人正浮状态

2. 纵倾状态

水下机器人悬浮于水中，艇体中纵剖面垂直于水平面的一种浮态，即 Oy 轴水平，纵倾角不为零，如图 3-31 所示。平衡方程为

$$\begin{cases} W = \Delta \\ x_G - x_B = (z_B - z_G)\tan\theta \\ y_G = y_B = 0 \end{cases} \quad (3\text{-}60)$$

式中，θ 为 AUV 的纵倾角。

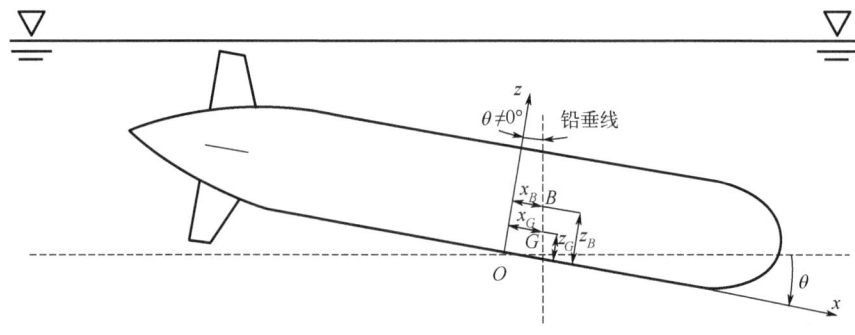

图 3-31 水下机器人纵倾状态

3. 横倾状态

水下机器人悬浮于水中，艇体中横剖面垂直于水平面的一种浮态，即 Ox 轴水平，横倾角不为零，如图 3-32 所示。平衡方程为

$$\begin{cases} W = \Delta \\ y_G - y_B = (z_B - z_G)\tan\varphi \\ x_G = x_B \end{cases} \quad (3\text{-}61)$$

式中，φ 为水下机器人的横倾角。

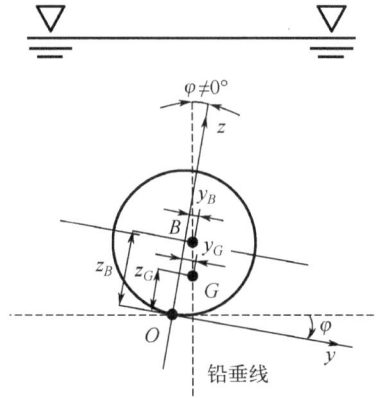

图 3-32 水下机器人横倾状态

4. 任意状态

水下机器人悬浮于水中，横倾角和纵倾角均不为零的一种浮态，其平衡方程为

$$\begin{cases} W = \Delta \\ y_G - y_B = (z_B - z_G)\tan\varphi \\ x_G - x_B = (z_B - z_G)\tan\theta \end{cases} \quad (3\text{-}62)$$

由于 AUV 在水下一定深度范围内的浮力是近似不变的，因此当其重量发生变化时，会破坏 AUV 的浮性平衡状态，进而引起 AUV 的上浮或下潜。即水下悬浮状态 AUV 不能像处于漂浮状态的水面无人艇一样能自动调整平衡状态，必须主动地进行某些调整才能达到新的平衡，即水下机器人不具有自动均衡能力。

5. 重量重心与浮力浮心

水下机器人的空气中总重量 W 为

$$W = \sum_{i=1}^{K} W_i \quad (3\text{-}63)$$

式中，K 为机器人的部件总数；W_i 为机器人的第 i 个部件的空气中重量。

水下机器人空气中重心可由式(3-64)计算获得：

$$\begin{cases} x_G = \dfrac{M_x^W}{W}, \quad M_x^W = \sum_{i=1}^{K}(W_i \cdot x_{iG}) \\ y_G = \dfrac{M_y^W}{W}, \quad M_y^W = \sum_{i=1}^{K}(W_i \cdot y_{iG}) \\ z_G = \dfrac{M_z^W}{W}, \quad M_z^W = \sum_{i=1}^{K}(W_i \cdot z_{iG}) \end{cases} \quad (3\text{-}64)$$

式中，x_{iG}、y_{iG}、z_{iG} 分别为机器人上第 i 个部件在艇体坐标系下三个方向上的重心位置。

水下机器人浮力即其静排水量为

$$\Delta = \rho g \sum_{j=1}^{J} \nabla_j \quad (3\text{-}65)$$

式中，J 为机器人上能提供浮力的部件总数；∇_j 为机器人的第 j 个浮力部件的排水体积。

水下机器人的浮心即其排水体积形心为

$$\begin{cases} x_B = \dfrac{M_x^\nabla}{\nabla}, \quad M_x^\nabla = \sum_{j=1}^{J}(\nabla_j \cdot x_{jB}) \\ y_B = \dfrac{M_y^\nabla}{\nabla}, \quad M_y^\nabla = \sum_{j=1}^{J}(\nabla_j \cdot y_{jB}) \\ z_B = \dfrac{M_z^\nabla}{\nabla}, \quad M_z^\nabla = \sum_{j=1}^{J}(\nabla_j \cdot z_{jB}) \end{cases} \quad (3\text{-}66)$$

式中，x_{jB}、y_{jB}、z_{jB} 分别为机器人的第 i 个部件在艇体坐标系下三个方向上的浮心位置；

∇ 为水下机器人总的静排水体积,且 $\nabla = \sum_{j=1}^{J} \nabla_j$。

3.2.3 水下机器人稳性

AUV 在水面状态时的稳性与水面无人艇相似,而在水下状态时则完全不同。

对于水下状态的 AUV,其浮心和重心位置是固定的,并且没有水线面,则水线面面积为零,故水线面的纵向惯性矩、横向惯性矩及稳心半径都是零,即 $I_T = I_L = 0$,$\overline{BM} = \overline{BM}_L = 0$。因此,AUV 的横稳心、纵稳心都与浮心相重合,如图 3-33 所示。这样,浮心与重心之间的距离就是 AUV 的水下横稳性高和纵稳性高,即

$$\overline{GM} = \overline{GM}_L = z_B - z_G \tag{3-67}$$

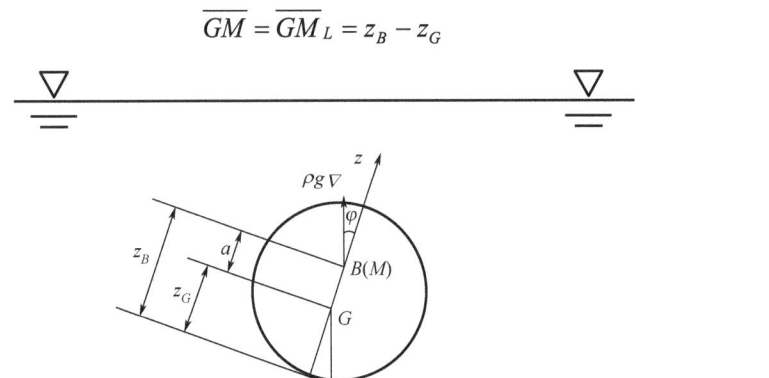

图 3-33 横倾一小角度的 AUV

当 AUV 横倾某一角度 φ 时,复原力矩为

$$M_R = \rho g \nabla (z_B - z_G) \sin \varphi = \rho g \nabla a \sin \varphi \tag{3-68}$$

同理,当艇体纵倾某一角度 θ 时,复原力矩为

$$M_{RL} = \rho g \nabla (z_B - z_G) \sin \theta = \rho g \nabla a \sin \theta \tag{3-69}$$

式中,$a = z_B - z_G$。

式(3-68)和式(3-69)分别为 AUV 的水下横稳性公式和水下纵稳性公式,而式(3-67)为 AUV 的水下横稳性高和纵稳性高的计算公式。AUV 水下稳性具有如下特点。

(1) 水下横稳性公式和纵稳性公式不受倾斜角度的限制,可直接应用于大倾角问题。其水下静稳性曲线为正弦曲线。

(2) 根据 AUV 水下重心和浮心的垂向位置关系,可以判断 AUV 水下平衡的性质。如图 3-34 所示,当 $\overline{GB} > 0$,即 $z_B > z_G$ 时,AUV 处于稳定平衡;当 $\overline{GB} < 0$,即 $z_B < z_G$ 时,AUV 处于不稳定平衡;当 $\overline{GB} = 0$,即 $z_B = z_G$ 时,AUV 处于中性平衡。因此,要使 AUV 在水下处于稳定平衡,其重心必须位于浮心之下。

(3) AUV 在水上状态时的纵稳性高很大,但在水下时的纵稳性高却很小。因此,AUV 的水下纵稳性很差,极易产生纵倾。当 AUV 在水下航行时,如有纵倾,则可能发生偏离任务深度甚至超深的情况;当 AUV 利用垂向推进器进行潜浮机动时,如有纵倾,会导致

AUV 出现水平位置偏移。所以，AUV 必须经常进行均衡计算，调整纵倾。

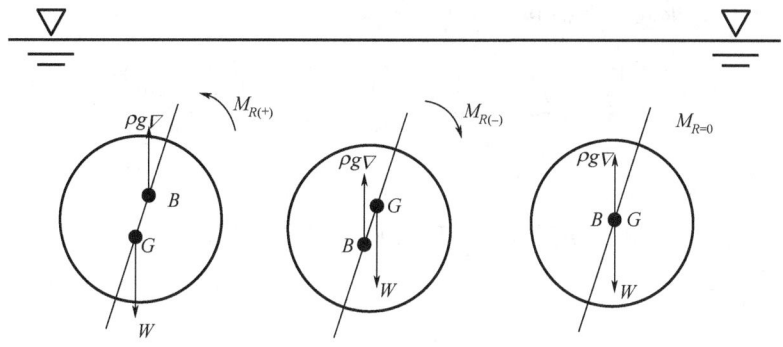

图 3-34　AUV 三种稳性状态

3.2.4　水下机器人重量特征

AUV 在设计时，总是力求在实现主要性能的前提下使其重量最小。

为方便分析问题，这里引入相对重量和相对比重量两个概念。设 W_i 为水下机器人构件的重量，∇_i 为构件的排水体积，γ 为水的重量密度，则相对重量和相对比重量分别如式(3-70)和式(3-71)所示。

相对重量：
$$\gamma'_i = \frac{W_i}{\gamma \nabla_i} \tag{3-70}$$

相对比重量：
$$\gamma_i = \frac{W_i}{\nabla_i} \tag{3-71}$$

式中，相对重量为无因次量；相对比重量为有因次数，具有重量密度单位。

通常，AUV 各主要组成部分的重量和排水体积如表 3-1 所示。

表 3-1　机器人各主要组成部分的重量和排水体积

名称	重量	排水体积
耐压舱内设备	W_U	0
耐压舱	W_C	∇_C
非耐压结构	W_{LC}	∇_{LC}
浮力部件	W_B	∇_B
动力设备	W_E	∇_E
机械装置	W_M	∇_M
传感器设备	W_I	∇_I

由表 3-1 可见，AUV 总重量可表示为

$$W_G = W_U + W_C + W_{LC} + W_B + W_E + W_M + W_I \tag{3-72}$$

AUV 总排水体积可表示为

$$\nabla_G = \nabla_C + \nabla_{LC} + \nabla_B + \nabla_E + \nabla_M + \nabla_I \tag{3-73}$$

为保证 AUV 的平衡，应使 $W_G = \gamma \nabla_G$，则有

$$\nabla_G = \frac{W_G}{\gamma} = \sum \nabla_i = \frac{W_C}{\gamma_C} + \frac{W_{LC}}{\gamma_{LC}} + \frac{W_B}{\gamma_B} + \frac{W_E}{\gamma_E} + \frac{W_M}{\gamma_M} + \frac{W_I}{\gamma_I} \tag{3-74}$$

由式(3-72)可得

$$W_B = W_G - (W_U + W_C + W_{LC} + W_I + W_E + W_M) \tag{3-75}$$

由式(3-74)可得

$$W_B = \frac{\gamma_B}{\gamma} W_G - \left(\frac{\gamma_B}{\gamma_C} W_C + \frac{\gamma_B}{\gamma_{LC}} W_{LC} + \frac{\gamma_B}{\gamma_E} W_E + \frac{\gamma_B}{\gamma_M} W_M + \frac{\gamma_B}{\gamma_I} W_I \right) \tag{3-76}$$

由式(3-75)和式(3-76)可得

$$W_G \left(1 - \frac{\gamma_B}{\gamma}\right) = W_C \left(1 - \frac{\gamma_B}{\gamma_C}\right) + W_{LC} \left(1 - \frac{\gamma_B}{\gamma_{LC}}\right) + W_E \left(1 - \frac{\gamma_B}{\gamma_E}\right) + W_M \left(1 - \frac{\gamma_B}{\gamma_M}\right) + W_I \left(1 - \frac{\gamma_B}{\gamma_I}\right) + W_U \tag{3-77}$$

由式(3-77)可见，对于采用浮力部件提供浮力的 AUV 来说，当某一排水部件相对比重量 γ_i 小于浮力部件的相对比重量 γ_B 时，等式右边的 $1 - \gamma_B / \gamma_i$ 项会变为负值，此时增加部件 i 的重量 W_i 值，不仅不会增加 AUV 总重量 W_G，反而会使其值降低。为分析不同相对比重量部件的重量变化对 AUV 总重量的影响，在式(3-77)中对重量 W_i 求导，如式(3-78)所示：

$$\frac{\partial W_G}{\partial W_i} = \frac{1 - \gamma_B / \gamma_i}{1 - \gamma_B / \gamma} \tag{3-78}$$

根据式(3-78)，选用不同的相对比重量 γ_i，可以描绘出一组 $\frac{\partial W_G}{\partial W_i}$ 与 γ_B 的相关曲线，如图 3-35 所示(朱继懋，1992)。对图中曲线加以分析，可得以下几点结论。

(1) 当 $\gamma_B \to 0$ 时，不同的 γ_i 对应的 $\frac{\partial W_G}{\partial W_i}$ 均趋近于 1。随着 γ_B 增大，$\frac{\partial W_G}{\partial W_i}$ 将急增(或正或负)。当 $\gamma_B \to \gamma_i$ 时，$\frac{\partial W_G}{\partial W_i}$ 均趋近无穷大(或正或负)。

(2) 当 $\gamma_i = \gamma_B$ 时，$\frac{\partial W_G}{\partial W_i}$ 与 γ_B 变化无关，均约等于 1，从而 W_i 增加时，不用增加浮力部件，此时 $\Delta W_G = \Delta W_i > 0$。当 $\gamma_i < \gamma$ 时，无论 γ_B 等于多少，$\frac{\partial W_G}{\partial W_i}$ 均小于 1，即 $0 < \Delta W_G < \Delta W_i$，表示 W_i 增加时总重量 W_G 也会增加，但由于减少了浮力部件的使用，W_G 增加量少于 W_i 的增加量。当 $\gamma_i < \gamma_B$ 时，$\frac{\partial W_G}{\partial W_i}$ 变为负值，即 $\Delta W_G < 0 < \Delta W_i$，此时增加 W_i 反

而会减少总重量 W_G。

(3) γ_B 值不变,若 γ_i 越大,则 W_G 将随着 W_i 的增加而急剧增加。

由上述分析可知,要想减小 AUV 总重量,可采用两种方式:①尽量减小 $\gamma_i > \gamma_B$ 部件的重量;②增加 $\gamma_i < \gamma_B$ 部件的重量。对于小潜深 AUV,由于耐压舱比重量 $\gamma_c < \gamma_B$,那么增加耐压舱可以减少浮力部件的使用,从而使得 AUV 总重量减小,所以往往把 AUV 设计成大耐压壳体,并将所有设备都放置在耐压舱内部。对于大潜深 AUV,由于 $\gamma_c > \gamma_B$,为了减小 AUV 总重量,耐压舱则应尽可能设计得小,并尽可能把设备置于耐压壳体外。

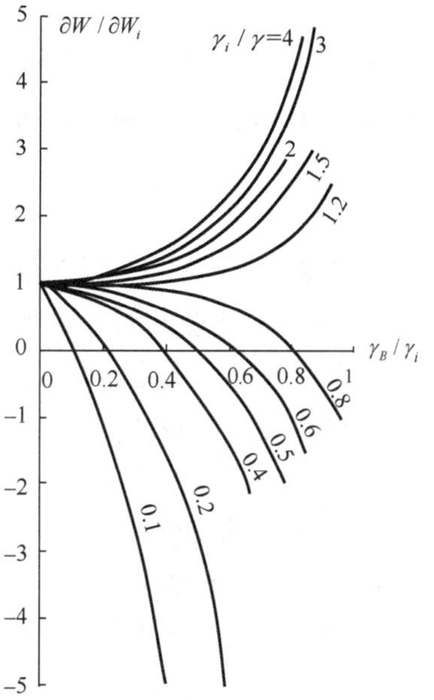

3.2.5 水下机器人相对比重量

利用相对比重量分析法对总重量的确定具有十分重要的意义。本节就各相对比重量的含义及其影响因素做进一步讨论。

图 3-35 组成重量变化对排水量影响曲线

1. 耐压舱的相对比重量

耐压舱的相对比重量主要受到耐压舱形状、材料、安全系数三方面的影响,下面分别加以说明。

1) 耐压舱形状

常见的耐压舱形状主要有球形和圆柱形或两者的组合。

(1) 球形耐压舱。

对于球形耐压舱,相对比重量可由式(3-79)确定:

$$\gamma_c = \frac{W_c}{\nabla_c} = \frac{\gamma' \pi D_p^2 \delta_p}{\frac{1}{6} \pi D_p^3} = \frac{6\gamma' \delta_p}{D_p} \tag{3-79}$$

式中,D_p 为耐压舱直径;γ' 为耐压舱材料重量密度;δ_p 为耐压舱壳板厚度。

若从满足球形耐压壳结构强度条件考虑,根据规范(中国船级社,2018),则有

$$\delta_p \geqslant \frac{p_Z D_p K_s}{4\sigma_T} \tag{3-80}$$

式中,K_s 为安全系数;p_Z 为耐压舱所处深度静水压力;σ_T 为材料屈服极限。

将式(3-80)代入式(3-79),可得

$$\gamma_c \geqslant K_s \frac{3\gamma' p_Z}{2\sigma_T} \tag{3-81}$$

若从满足球形耐压壳结构稳定性条件考虑,根据规范(中国船级社,2018),则有

$$\delta_p \geqslant \sqrt{p_Z D_p^2 / (4K_s' E)} \tag{3-82}$$

式中，K_s' 为稳定性系数；E 为材料弹性模量。

将式(3-82)代入式(3-79)，可得

$$\gamma_c \geqslant 3\gamma' \sqrt{\frac{p_Z}{K_s' E}} \tag{3-83}$$

当式(3-81)和式(3-83)同时满足时，球形耐压壳才满足设计条件而不至于出现破坏。由此可见，球形耐压舱相对比重量 γ_c 取决于下潜深度、安全系数和材料特性（γ'、σ_T、E）。

对于钢质球形耐压舱，材料屈服极限、下潜深度以及稳定性系数 K_s' 对 γ_c 的影响如图 3-35 所示(朱继懋，1992)。一般对于大潜深 AUV 来说，材料强度的改变可影响 γ_c，当潜深为 1500m 时，对应的 $K_s' = 0.3$，如果材料的屈服极限由 6×10^8 Pa 提高到 8×10^8 Pa，γ_c 则由 0.58γ 降低到 0.435γ（下降 25%）。当潜深为 600m 时，对应的 $K_s' = 0.3$，如果同样将材料屈服极限由 6×10^8 Pa 提高到 8×10^8 Pa，虽然从强度角度来看，可以使 γ_c 由 0.235γ 降低到 0.176γ（同样下降约 25.1%），但为满足稳定性要求，γ_c 不能有所降低，仍将保持 0.235γ。

从图 3-36 中还能看到不同稳定性系数 K_s' 值对稳定性区域产生的影响，特别是对于潜深不大的 AUV 的影响更为显著。在稳定性区域内，虽然壳板应力没有发生变化，但从稳定性要求考虑，需增加壳板的厚度来提高稳定性，从而增加了耐压舱的相对比重量 γ_c，这时往往体现不出球形耐压舱的优越性。

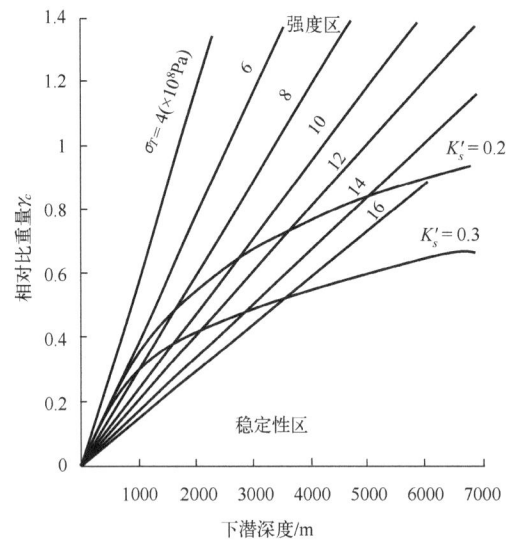

图 3-36　钢质球形耐压舱的相对比重量、下潜深度及材料屈服极限的关系

此外，由于球壳外形以及工艺误差对耐压舱的稳定性非常敏感，所以对于潜深不大的 AUV，可以选用圆柱形耐压壳体，并辅以加强肋骨来提高柱体的稳定性。

(2) 圆柱形耐压舱。

具有肋骨加强的圆柱形耐压舱的强度主要由柱体壳板承受，肋骨主要用以提高壳体的稳定性。肋骨间距 l_r 与潜深和相对比重量的相互关系由图 3-37 所示(朱继懋，1992)。

从稳定性角度来看，肋骨间距越小越有利，并且随着肋骨间距的减小，耐压舱相对比重量γ_c也相应减小，但是在实际设计中选择肋骨间距需要考虑到其他许多因素。

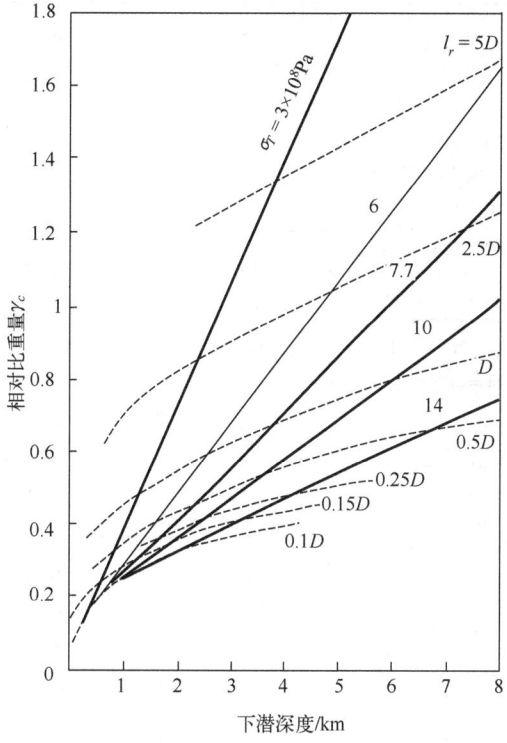

图 3-37 肋骨加强圆柱形耐压舱下潜深度、肋骨间距和材料屈服极限对γ_c的影响

表 3-2（朱继懋，1992）给出了美国深潜救生艇（DSRV，潜深 1830m）不同耐压壳体形状、材料以及不同加工工艺时的相对比重量γ_c计算结果。

表 3-2 深潜救生艇耐压舱相对比重量γ_c

材料	壳型	$\gamma_c/(\times 10^3 \text{kgf/m}^3, 1\text{kgf}=9.80665\text{N})$		
		近似完善	$\Delta_\delta=3.2\text{mm}$，应力释放	$\Delta_\delta=3.2\text{mm}$，制造时
HY-100 钢	$D \times D$ 圆	0.47	0.54	0.58
	$D \times 2D$ 椭圆	0.49	—	—
	D，$2.3D$，$0.3D$	0.49	0.56	0.60
	D，$2.4D$	0.51	0.58	0.62
	D，$2D$	0.52	—	0.60

续表

材料	壳型	$\gamma_c/(\times 10^3 \text{kgf/m}^3,\ 1\text{kgf}=9.80665\text{N})$		
		近似完善	$\Delta_\delta = 3.2\text{mm}$,应力释放	$\Delta_\delta = 3.2\text{mm}$,制造时
HY-140 钢	D	0.39	0.46	0.51
	2D	0.40	—	—
	2.3D (0.3D)	0.41	0.48	0.53
	2.4D	0.42	0.49	0.54
	2D	0.43	—	0.49
HY-110 钛	D	0.28	0.32	0.37
	2D	0.29	—	—
	2.3D (0.3D)	0.30	0.34	0.38
	2.4D	0.30	0.34	0.39
	2D	0.31	—	0.35

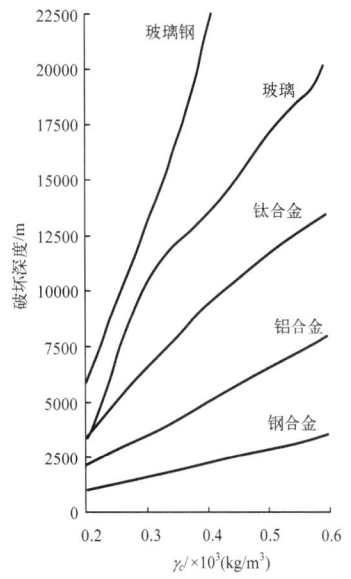

图 3-38 不同材料球形耐压壳与破坏深度关系

2) 耐压舱材料

目前 AUV 耐压舱材料主要有高强度钢、铝合金、钛合金以及复合材料,其中复合材料主要有玻璃、陶瓷、碳纤维增强塑料等。耐压舱材料对相对比重量 γ_c 影响很大。图 3-38(Busby,1983)描述了耐压舱采用不同材料时破坏深度随相对比重量 γ_c 的变化。从图中可以看到,玻璃、玻璃钢和钛合金是 AUV 非常有应用前景的耐压舱材料。

3) 耐压舱安全系数

影响耐压舱相对比重量的另一个重要因素是安全系数,通常用其来表示结构强度储备。由于耐压舱结构基本上是以壳板稳定性条件作为控制破坏的基础,其应力的增加远比载荷的增加快,因此主要将强度储备计入载荷中,但由于不同结构形式或同一结构形式不同构件部位在抵抗外力中所起到的作用不同,对应应力的性质也不同,因此也会将部分强度储备考虑在应力中。统一考虑在载荷中的强度储备即为安全系数 K_s。

耐压舱安全系数是计算深度与最大工作深度对应静水压力的比值。

最大工作深度 H_{op} 是指水下机器人正常使用过程中所能达到的最大深度,是从耐压壳体中心至水面的距离,在此深度上,AUV 能进行任意次数的长期停留而不引起耐压壳体永久变形或破坏。对于 AUV 耐压舱,主要分析静水压力对其结构产生的影响,而动力强度只是在静力强度的基础上进行校核。因此,通常选择最大工作深度 H_{op} 对应的静水压力 p_{op} 作为设计依据,也称为最大工作压力。显然,耐压壳在此压力作用下是不允许被破坏的。

以比最大工作深度更大的深度作为耐压舱设计时的计算依据,此深度称为计算深度。对应于计算深度下的静水压力称为计算载荷(或计算压力)。

安全系数要考虑所有强度计算中没有考虑到的、影响壳体强度的各种因素。其中,有些因素对壳体强度的影响目前尚不能定量地确定,如材料屈强比对壳体强度的影响、残余应力对强度的影响等;有些因素是随机变化的,如壳板实际厚度与名义厚度的偏差;有些因素是假定的,如航行过程中的超深。总之,确定安全系数是一项很复杂的工作,它不仅取决于使用工况,而且还与加工工艺、材料特性等有密切关系。显然,安全系数随着科技水平的不断提高而日益减小,各国潜水器规范规定的安全系数也不完全相同,如表 3-3 和表 3-4 所示。挪威-德国劳氏船级社规定的安全系数会随着最大工作压力(最大潜深)增大而变小(表 3-4),当海水静压力超过 400bar($1bar=10^5Pa$)时,其规定的安全系数为 1.5。表 3-5 列举了国外一些有代表性的潜水器实际安全系数和稳定性系数值(朱继懋,1992)。

表 3-3 各国潜水器规范中的安全系数比较表

潜水器规范	安全系数 K_s
中国船级社(CCS,2018)	1.5
美国船级社(ABS,2020)	1.5
英国劳氏船级社(LR,2024)	1.5
俄罗斯船级社(RS,2018)	1.5

表 3-4 挪威-德国劳氏规范中安全系数与潜深关系

最大工作压力/bar	5	10	20	30	40	50	60~400	≥400
安全系数	2.20	1.90	1.80	1.75	1.70	1.65	1.60	1.50

表 3-5 国外部分潜水器耐压舱的实际安全系数 K_s 和稳定性系数 K_s'

潜水器	直径/m	厚度/cm	材料强度/MPa	下潜深度/m	安全系数 K_s	稳定性系数 K_s'
ALVIN	2.01(内) 2.08(外)	3.38	(HY100) 689	1830	2.5	0.087
DQ	2.13(内) 2.18(外)	2.27	(18Ni 时效钢) 1372	2530	2.3	0.291
Deep Star(4000)	1.92(内) 1.98(外)	3.05	(HY80) 550	1220	2.84	0.064

续表

潜水器	直径/m	厚度/cm	材料强度/MPa	下潜深度/m	安全系数 K_s	稳定性系数 K_s'
Deep Star(2000)	2.163(内) 2.23(外)	6.35	(HY140) 965	6100	1.84	0.094
DOWB	2.03(内) 2.08(外)	2.32	(HY100) 689	1980	1.59	0.198
Star Ⅲ	1.655(内) 1.68(外)	1.27	(HY100) 689	610	3.49	0.132
DSRV	2.25(内) 2.29(外)	1.87	(HY140) 965	1524	2.11	0.284

水下机器人耐压舱安全系数的选取主要考虑以下一些因素。

(1) 计算方法和图纸的误差。

使用计算尺、计算器存在有效数问题，采用计算机也会由于计算网格大小、计算方法的不同带来误差。图纸也存在着几何图形、理论线、比例尺甚至绘图技术引起的误差。

(2) 材料本身的缺陷。

设计计算中，假定材料均质、各向同性，但实际材料不可能完全均质，而且材料的物理性能（包括弹性模量、屈服极限、泊松比等）都是采用概率分布方法确定的，目前还没有一个有效办法可以确定材料化学成分与材料性能间的关系。此外，由裂纹和缺陷引起的性能降低和无损试验引起的材料不可靠性均需在安全系数中加以考虑。

(3) 开口和连接处的应力集中。

在耐压舱上的开口和连接区域，应力增大是显著的，然而应力的梯度非常陡，所产生的高应力区面积是局部的，所以整个耐压舱的静强度不受这些局部应力集中的影响，而疲劳强度很有可能变小，因此安全系数实际上也应考虑到一部分疲劳强度的影响。

(4) 疲劳。

疲劳是指结构受重复载荷或周期性载荷的影响，而疲劳的储备量则包括周期性载荷大小以及结构上的临界应力限制两个方面。

(5) 由制造原因造成的几何尺寸误差。

在设计中，要考虑到壳体上小面积范围内，与正常设计外形相比，变薄或球形变平部分的制造误差，并考虑到与临界弧长相当的最小局部球形的几何尺寸。一般所允许的最大不圆度为内半径的1%。

(6) 残余应力。

由于耐压舱是焊接和/或机械加工（如车、铣等）而成的，加工成型后结构存有残余应力，尤其是焊接形成的残余应力，即使用热处理的方式也无法消除，而这些残余应力需利用极贵重仪表设备或破坏性试验才能获得可靠性测量，故这些测量难以进行，所以安全系数实际上也应考虑到残余应力的影响。

(7) 腐蚀。

腐蚀情况一般分为四种，包括一般性腐蚀、电化性腐蚀、缝隙腐蚀和应力腐蚀。虽然防腐方法的改进可以很大程度上减少腐蚀情况，但至今还没有一个完善的解决方案。由于腐蚀是一个与时间有关的因素，所以在设计中有时会将其从安全系数中分离出来单独考虑。

(8) 事故和人为误差。

为预防事故或人为误差所需的深度储备量是与水下机器人的性能紧密相关的,如航行速度、操纵性以及改变潜深、执行机动的时间等。与腐蚀公差类似,可将其从设计安全系数的定额中分离出来。

(9) 载荷动力作用。

对于水下机器人来讲,耐压舱动载荷主要来自运输、布放回收中的碰撞、水下对接或作业时的冲击等。关于运输过程中的动载荷,英国劳氏规范对于潜水器的要求如表3-6所示。

表3-6 英国劳氏规范的潜水器运输动载荷要求

运输方式	规范要求
海上运输	①水平加速度 $0.5g$; ②垂直加速度 $1.0g$; ③可以同时作用,而不致损伤
空中运输	①垂向加速度:向下 $4.5g$,向上 $2.0g$; ②纵向加速度:向前 $1.5g$,向后 $9.0g$; ③横向加速度:单侧 $0\sim2.25g$,但与纵向最大合成量必须超过 $9.0g$

在安全系数的各组成因素中,若某个因素偏离理论值的标准误差 σ_i,根据误差理论,可确定此标准误差对应的安全系数为

$$K_i = 1 + \frac{3\sigma_i}{标准值} \tag{3-84}$$

由于标准值通常取为1,故式(3-84)可写成:

$$K_i = 1 + 3\sigma_i \tag{3-85}$$

则总安全系数 K_s 可以表示为

$$K_s = 1 + \left[\sum_{i=1}^{n}(K_i-1)^2\right]^{0.5} \tag{3-86}$$

目前水下机器人耐压舱的总安全系数一般取 $K_s=1.5$,即计算压力按照工作压力放大了50%,但是该数据分配到每个因素上的允许误差是不大的。

由式(3-85)和式(3-86)可得 n 个因素的平均允许误差 $(\sigma_i)_n$ 和总安全系数 K_s 的关系为

$$(\sigma_i)_n = \frac{K_s - 1}{3\sqrt{n}} \tag{3-87}$$

由式(3-87)可见,为保证安全可靠又尽可能降低耐压舱相对比重量 γ_c,必须尽可能地降低设计时选用的安全系数 K_s,同时又要设法提高耐压舱建成后投入使用时的实际安全系数。因此,关键问题是降低每个误差因素的标准误差,即提高施工工艺的精度。对于水下机器人耐压舱来说,一般很难克服误差产生的因素,而且对提高总安全系数也并不十分有效,但各误差大小可以得到控制,这对提高安全系数非常有效。

2. 非耐压结构的相对比重量

水下机器人非耐压结构是指艇体结构中除耐压舱和浮力部件外的结构,主要包括艇体表面轻外壳(蒙皮)、框架、设备安装基座以及一些辅助结构部件。往往用比强度 σ_T/γ_c

来衡量非耐压结构材料的好坏，常用材料有钢、铝合金、玻璃钢、钛合金等，其材料特性如表3-7所示。

表3-7 常用轻外壳材料特性

材料名称	相对比重量 γ_c/(kN/m³)	屈服极限 σ_T/($\times 10^8$Pa)	比强度 σ_T/γ_c/($\times 10^3$m)
钢	76.93	3.92~9.8	5~13
铝合金	27.44	0.98~2.94	3.5~11
玻璃钢	19.6	1.96~4.9	10~25
钛合金	44.1	3.43~9.31	7.8~21

非耐压结构重量(包括机座和辅助系统)如果按照轻外壳表面积计算，在 196~245 N/m² 内，如果采用非常规结构(如多层结构)，其重量可减小一半左右。对于基座重量，其主要取决于支撑部件重量，但是实质上也可以根据外壳的尺寸来考虑，因为艇的尺度决定了需组装在轻外壳内部的设备数量。若基座重量是设备重量的一部分，而设备重量又是总重量的一部分，那么基座重量可以按照每平方米表面积的重量来表示。

3. 设备装置的相对比重量

现代水下机器人的非结构重量包括设备、浮力部件和耐压舱内的有效载荷重量，它们占艇总重量的 60%~70%，而设备装置重量主要是指安装在轻外壳内的动力设备重量 W_E、机械装置重量 W_M 和观通导航设备重量 W_I，对应的相对比重量为 γ_E、γ_M、γ_I。这些设备的重量和体积主要取决于水下机器人的使命任务和性能特征，下面分别加以说明。

1) 动力设备的相对比重量

动力设备的相对比重量仅与动力设备的类型或承压、补偿形式有关。根据水下机器人的统计资料，各部分相对比重量如表3-8所示(朱继懋, 1992)。

表3-8 动力设备各部分相对比重量

类别	相对比重量/(kN/m³)	类别	相对比重量/(kN/m³)
电机类	29.4~39.2	机电控制	14.7~19.6
蓄电池	14.7~29.4	电缆	9.8~19.6

2) 机械装置的相对比重量

根据统计资料，机械装置的相对比重量的数值比较稳定，其范围如表3-9所示(朱继懋, 1992)。

表3-9 机械装置各部分的相对比重量

类别	相对比重量/(kN/m³)	类别	相对比重量/(kN/m³)
机械设备	44.1~49	液压系统	29.4~49
推进装置	29.4~49	压载系统	9.8~11.8
锚-调节索装置	29.4~34.3	高压气系统	14.7(低压)~24.5(高压)
可抛压载装置	29.4~49	浮力调节系统	11.8~13.7
舵装置	29.4~49	倾差系统	44.1~58.8

3) 观通导航设备的相对比重量

观通导航设备的相对比重量统计数据如表 3-10 所示(朱继懋,1992)。

表 3-10 观通导航设备的相对比重量

类别	相对比重量/(kN/m³)
水声外部设备	39.2~49
观通设备	24.5~29.4

对于大潜深 AUV 来讲,设备装置的重量对排水量影响最大,所以在设计时,对这部分设备的选用要特别注意,最好是针对 AUV 专门定制设备,从而使其相对比重量最小并且能够减小自身重量、提高自浮能力。

4. 浮力部件的相对比重量

水下机器人的浮力部件包括浮力结构和浮力材料两大类。

浮力结构是指采用金属材料、玻璃、陶瓷和纤维增强塑料等材料制成的特殊耐压壳体,一般无出入舱口或开孔。壳体以球形最为普遍,但有时由于在轻外壳内布置很大的浮力球存在困难,所以往往把浮力结构做成柱状或管状。另外,通常对浮力结构与耐压舱等强度有所要求,其相对比重量参照耐压舱。

浮力材料是一种低密度、高强度的轻质材料,具有密度小、浮力大、抗压强度高、吸水率低且稳定等特点。浮力材料对于保证水下机器人所需浮力、提高有效载荷能力、减小外形尺寸有着重要的作用,尤其是大深度的水下机器人。浮力材料的特点是在相当工作深度的压力作用下的相对比重量小于海水重量密度。

早期深海潜水器常采用轻质液体作为浮力材料,如煤油、汽油、液态氨、有机硅滑油、丁烷等。通常,用液体作为浮力材料还应考虑贮藏液体的结构重量和其不可忽略的压缩性,所以实际上可供选择的液体浮力材料是不多的。而气体由于随着深度的变化,其相对密度变化太大,故不宜作为浮力材料。

目前,水下机器人主要采用固体浮力材料,包括化学发泡浮力材料、轻质合成复合泡沫浮力材料、空心玻璃微珠复合浮力材料等。

(1) 化学发泡浮力材料。

利用化学发泡法制成,使用树脂固化热将化学发泡剂分解产生气体,分散于树脂中发泡,然后浇铸成型。这类材料具有质轻、隔热、隔音、减震等优良性能,主要应用于水面或浅海等领域,最大使用深度一般不超过 300m。常用材料包括聚氨酯泡沫、环氧泡沫塑料、聚氨酯环氧硬质泡沫、聚甲基丙酰亚胺泡沫等。化学发泡浮力材料的密度范围通常为 0.1~0.35g/cm³,适用深度越大,所需压缩强度越大,对应材料密度也越大。

(2) 轻质合成复合泡沫浮力材料。

在复合泡沫材料中加入一些大直径、由高强度纤维合成的空心球。这种材料密度更低,但压缩强度也相对较低,最大工作深度一般不超过 4000m。其主要优点是密度小、耐候性好、稳定性高,且具有优异的可加工性能。由于泡沫为多孔结构,吸水率会随着加压时间及潜深增加而升高,进而损失浮力,实际使用时,表面需添加高强度材料涂层(如环氧树脂)。纯复合泡沫材料的密度范围是 0.38~0.65g/cm³，合成复合泡沫材料的密度范围为 0.275~0.560g/cm³。

(3) 空心玻璃微珠复合浮力材料。

由树脂作为基体材料，填充空心玻璃微珠等浮力调节机制，经加热固化成型得到。这类材料密度较低，但压缩强度较高，且具有低蠕变和良好的耐水性能，适用于大潜深(≥1000m)环境使用，目前最大使用深度已经达到 11000m 级。目前，我国潜深超过 1000m 的水下机器人、载人潜水器、深海着陆器等水下平台主要采用这类浮力材料，其密度范围为 0.38~0.70g/cm³。

3.2.6 水下机器人浮力特征

微课

如果水下机器人的潜深较大，那么耐压舱的压缩受海水温度、盐度、密度的影响更为明显，引起的浮力变化也更大，从而要求水下机器人在航行过程中有较大的浮力调节能力以及更有效的调节手段和方法，以尽可能保持浮性平衡状态。

水下机器人的浮力取决于艇体总排水体积 ∇ 和海水密度 ρ。其排水量可表示为

$$\Delta = \rho g \nabla \tag{3-88}$$

由于艇体的排水体积随温度和海水压力的变化而变化，而海水密度 ρ 又随海水温度、盐度以及海水压力变化而变化，所以海水密度 ρ 和排水体积 ∇ 可表示为

$$\rho = \rho(T_{tp}, S_s, p_Z) \tag{3-89}$$
$$\nabla = \nabla(T_{tp}, p_Z) \tag{3-90}$$

式中，T_{tp} 为海水温度；S_s 为海水盐度；p_Z 为深度为 Z 时的静水压力。

根据式(3-88)~式(3-90)，排水量的变化方程可写成

$$\begin{aligned} d\Delta &= (d\rho)g\nabla + \rho g(d\nabla) \\ &= \left(\frac{\partial \rho}{\partial T}dT_{tp} + \frac{\partial \rho}{\partial S}dS_s + \frac{\partial \rho}{\partial p}dp_Z\right)g\nabla + \rho g\left(\frac{\partial \nabla}{\partial T}dT_{tp} + \frac{\partial \nabla}{\partial p}dp_Z\right) \end{aligned} \tag{3-91}$$

由于温度 T_{tp} 和盐度 S_s 与海区和下潜深度有关，而静水压力 p_Z 仅与下潜深度 Z 有关，故可将 T_{tp}、S_s、p_Z 写为

$$\begin{cases} T_{tp} = T(R_s, Z) \\ S_s = S(R_s, Z) \\ p_Z = p(Z) \end{cases} \tag{3-92}$$

式中，R_s 为海区坐标；Z 为深度(水面为零，向下为正)。

根据式(3-92)，式(3-88)~式(3-90)可改为

$$\begin{cases} \nabla = \nabla(R_s, Z) \\ \rho = \rho(R_s, Z) \\ \Delta = \Delta(R_s, Z) \end{cases} \tag{3-93}$$

在式(3-93)中，海水密度 ρ 和总排水体积 ∇ 的变化可表示为

$$\begin{cases} d\rho = d\rho_Z + d\rho_R \\ d\nabla = d\nabla_Z + d\nabla_R \end{cases} \tag{3-94}$$

将式(3-94)代入式(3-88),则排水量变化可写为

$$\begin{aligned}
\mathrm{d}\varDelta &= (\mathrm{d}\rho)g\nabla + \rho g(\mathrm{d}\nabla) \\
&= \left(\frac{\partial \rho}{\partial R_s}\mathrm{d}R_s + \frac{\partial \rho}{\partial Z}\mathrm{d}Z\right)g\nabla + \rho g\left(\frac{\partial \nabla}{\partial R_s}\mathrm{d}R_s + \frac{\partial \nabla}{\partial Z}\mathrm{d}Z\right) \\
&= \left(g\nabla\frac{\partial \rho}{\partial R_s}\mathrm{d}R_s + \rho g\frac{\partial \nabla}{\partial R_s}\mathrm{d}R_s\right) + \left(g\nabla\frac{\partial \rho}{\partial Z}\mathrm{d}Z + \rho g\frac{\partial \nabla}{\partial Z}\mathrm{d}Z\right) \\
&= \mathrm{d}\varDelta_R + \mathrm{d}\varDelta_Z
\end{aligned} \quad (3\text{-}95)$$

由于海水密度 ρ 随温度 T_{tp}、盐度 S_s 和深度 Z 的变化而变化,故有

$$\mathrm{d}\varDelta = g\nabla\left(\frac{\partial \rho}{\partial T_{tp}}\cdot\frac{\partial T_{tp}}{\partial Z}\mathrm{d}Z + \frac{\partial \rho}{\partial S_s}\cdot\frac{\partial S_s}{\partial Z}\mathrm{d}Z + \frac{\partial \rho}{\partial Z}\mathrm{d}Z\right) + \rho g\left(\frac{\partial \nabla}{\partial T_{tp}}\cdot\frac{\partial T_{tp}}{\partial Z}\mathrm{d}Z + \frac{\partial \nabla}{\partial Z}\mathrm{d}Z\right) \quad (3\text{-}96)$$

或者写为

$$\mathrm{d}\varDelta = g\nabla\cdot(\varDelta\rho_T + \varDelta\rho_S + \varDelta\rho_Z) + \rho g(\varDelta\nabla_T + \varDelta\nabla_Z) \quad (3\text{-}97)$$

式中,$\varDelta\rho_T$ 为温度变化引起的海水密度变化;$\varDelta\rho_S$ 为盐度变化引起的海水密度变化;$\varDelta\rho_Z$ 为深度变化引起的海水密度变化;$\varDelta\nabla_T$ 为温度变化引起的排水体积变化;$\varDelta\nabla_Z$ 表示深度变化引起的排水体积变化。

当盐度不变时,海水密度随温度的变化如图 3-39 所示,海水密度与盐度的关系如图 3-40 所示,下面对于其他变化情况进行简要讨论(朱继懋,1992)。

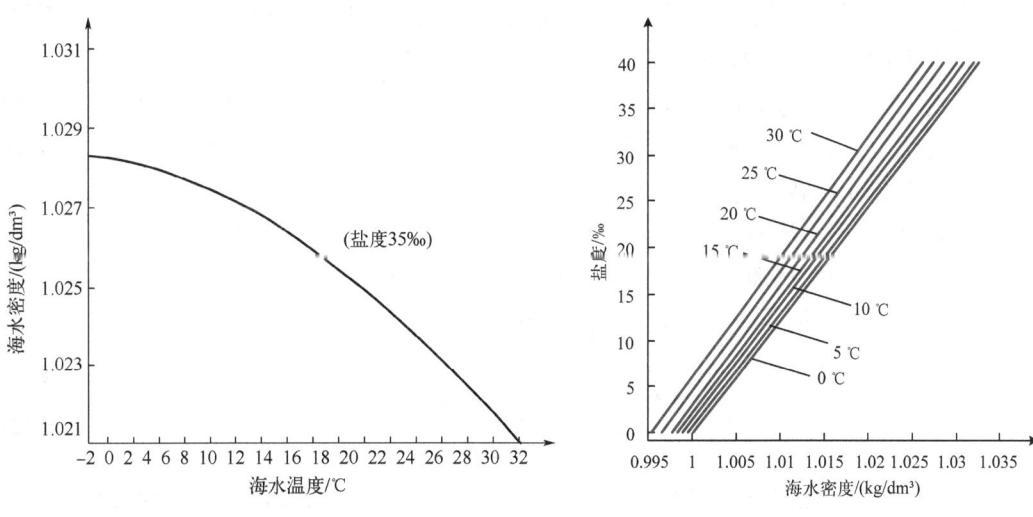

图 3-39 海水密度与温度的关系　　图 3-40 海水密度与盐度的关系

(1) 深度引起的海水密度的变化 $\varDelta\rho_Z$。

$\varDelta\rho_Z$ 表征了海水的可压缩性,设计时用平均压缩系数 C_ρ 表示,如式(3-98)所示。一般海水的平均压缩系数如表 3-11 所示。

$$C_\rho = \frac{1}{\rho}\cdot\frac{\varDelta\rho_Z}{\varDelta p_Z} \quad (3\text{-}98)$$

式中,ρ 为海水密度;$\varDelta p_Z$ 为由深度变化所引起的压力变化值。

表 3-11 平均压缩系数

水深范围/m	0～1000	0～3000	0～5000	0～7000	0～9000	0～11000
$C_\rho / (\times 10^{-10}\,\text{Pa}^{-1})$	4.57	4.43	4.30	4.18	4.06	3.95

以某水下机器人为例,在最大深度1000m水域的水底,即潜深1000m时,相对于水面的静水压力变化量 $\Delta p_Z \approx 10^7\,\text{Pa}$,根据式(3-98)和表3-11,其海水密度的相对变化为

$$\frac{\Delta \rho_Z}{\rho} = 4.57 \times 10^{-10} \times 10^7 = 0.457\% \tag{3-99}$$

当潜深达到10000m时, $\Delta p_Z \approx 10^8\,\text{Pa}$, $\Delta \rho_Z / \rho$ 可达3.95%。所以,对于这一潜深水下机器人,在设计时必须用特殊方法来平衡。

(2) 海水温度引起的耐压舱排水体积变化 $\Delta \nabla_T$。

由温度引起的壳体排水体积变化为

$$\Delta \nabla_T = \frac{\partial \nabla}{\partial T_{tp}} \cdot \frac{\partial T_{tp}}{\partial Z} dZ = \frac{\partial \nabla}{\partial T_{tp}} \Delta T_{tp} \tag{3-100}$$

如果用 C_T 表示壳体排水体积的温度膨胀系数,则有

$$C_T = \frac{1}{\nabla_0} \cdot \frac{\Delta \nabla_T}{\Delta T_{tp}} \tag{3-101}$$

式中, ∇_0 为初始排水体积,即水下机器人浸没于近水面时的排水体积; ΔT_{tp} 为温度变化,即水下机器人所处深度水温相对于近水面水温变化量。

一般情况下, $C_T = (3.6 \sim 3.7) \times 10^{-6}\,\text{℃}^{-1}$,如果选用了浮力材料,还应考虑由温度改变所引起的浮力变化,尤其对于液体浮力材料,因此设计时要尽量选用受温度变化影响小或者与海水变化相一致的材料。

(3) 潜深引起的耐压舱排水体积变化 $\Delta \nabla_Z$。

对于 $\Delta \nabla_Z$,分别从圆柱形耐压舱和球形耐压舱两方面加以考虑。

首先对于圆柱形耐压舱来说, $\Delta \nabla_Z$ 应与耐压舱直径、厚度、肋骨参数以及材料弹性模量有关。根据理论分析与试验结果, $\Delta \nabla_Z$ 可以表示为

$$\Delta \nabla_Z = \frac{K_0 D_p p_Z \nabla_0}{20 E \delta_p} \tag{3-102}$$

式中, D_p 为耐压舱直径; p_Z 为深度Z处的静水压力; δ_p 为壳体厚度; E 为材料弹性模量; K_0 为相应系数,可由式(3-103)确定:

$$K_0 = 0.85 \left(2.5 - \frac{1 + 1.175 K_1}{1 + l_r \delta_p / A_r K_2} \right) \tag{3-103}$$

式中, A_r 为肋骨横截面面积; l_r 为肋骨间距; K_1、K_2 是由 μ_1、μ_2 决定的辅助函数,可由表3-12确定,其中, μ_1、μ_2、η 分别由式(3-104)～式(3-106)计算确定

$$\mu_1 = \frac{0.9086}{\sqrt{D_p \delta_p}} l \tag{3-104}$$

$$\mu_2 = 0.406 \times \frac{D_p Z}{\delta_p} \times 10^4 \tag{3-105}$$

$$\eta = 2\mu_1 \mu_2 \tag{3-106}$$

表 3-12 辅助函数 K_1、K_2 取值表

μ_1	η							
	K_1				K_2			
	−1	0	0.5	1	−1	0	0.5	1
1.0	0.748	0.725	0.710	0.695	0.935	0.920	0.905	0.905
1.4	0.540	0.485	0.450	0.405	0.800	0.770	0.705	0.720
1.8	0.265	0.225	0.170	0.105	0.620	0.600	0.560	0.530
2.15	0.136	0.065	0.015	−0.045	0.535	0.485	0.455	0.425
2.50	0.038	−0.030	−0.065	−0.110	0.443	0.405	0.380	0.360
3.0	−0.0303	−0.070	−0.095	−0.115	0.359	0.330	0.315	0.300
3.5	−0.0433	−0.060	−0.075	−0.085	0.305	0.285	0.275	0.265
4.0	−0.0358	−0.045	−0.048	−0.050	0.258	0.250	0.240	0.235
4.5	−0.0216	−0.020	−0.010	−0.020	0.234	0.220	0.215	0.210

对于球形耐压舱来说，$\Delta \nabla_Z$ 与下潜深度 Z、耐压舱厚度 δ_p、耐压舱直径 D_p 以及材料弹性模量 E 和泊松比 ν 有关。根据球壳的应力与变形分析，可得

$$\Delta \nabla_Z = 0.075 \frac{(1-\nu)D_p}{E\delta_p} p_Z \nabla_0 \tag{3-107}$$

如果水下机器人下潜过程中重力和浮力始终平衡，且已知下潜过程中重力（可调压载）的变化 ΔW 以及温度和密度变化，则由式 (3-97) 可得

$$\Delta \nabla_Z = \frac{\Delta W - \nabla \cdot \Sigma \Delta \rho}{\rho} - \Delta V_T \tag{3-108}$$

通过上述分析可见，随着下潜深度的增大或减小，由于温度、盐度和深度的影响，海水密度一般会增大或减小，因而引起水下机器人浮力的增大或减小。同时，由于温度和深度的影响，水下机器人的排水体积减小或增大，从而引起水下机器人浮力的减小或增大，因此当水下机器人潜浮时，其排水量的变化应由这两个组成部分的数值比较决定。为了保持水下机器人潜浮过程的平衡，必须不断地调节浮力或重力，此时浮力调节量 ΔB 或重力调节量 ΔW 应与潜浮过程中深度变化 ΔZ 时对应的排水量变化 $\Delta \Delta$ 满足如下关系：

$$\begin{cases} \Delta \Delta + \Delta B = 0 \quad 或 \quad \Delta \Delta - \Delta W = 0 \\ \Delta \Delta = (\Delta \rho_Z + \Delta \rho_{S,T})g\nabla_0 + \rho g(\Delta \nabla_Z + \Delta \nabla_T) \end{cases} \tag{3-109}$$

由式 (3-109) 可见，存在以下几种情况。

(1) 当 $(\Delta \rho_Z + \Delta \rho_{S,T})g\nabla_0 / \Delta Z > -\rho g(\Delta \nabla_Z + \Delta \nabla_T) / \Delta Z$ 时，在下潜过程中，$\Delta \Delta > 0$，即下潜时浮力不断增大，为了使水下机器人平衡，必须不断增加水下机器人的重量或减小

其浮力。在上浮过程中，$\Delta\Delta<0$，即上浮时浮力将不断减小，为了使水下机器人平衡，必须不断减小艇的重量或增大其浮力。从深度角度来讲，这种状态是稳定的，即某一深度下处于重力和浮力平衡状态的机器人，当其受扰后深度变大或变小时，即使不额外调整重力或浮力，扰动去除后机器人也会因这一特性回到平衡深度。目前，大多数自主水下机器人都具有这种浮力特性。

(2) 当 $(\Delta\rho_Z+\Delta\rho_{S,T})g\nabla_0/\Delta Z<-\rho g(\Delta\nabla_Z+\Delta\nabla_T)/\Delta Z$ 时，在下潜过程中，$\Delta\Delta<0$，即下潜时浮力将不断减小，为了使水下机器人平衡，必须不断减小艇的重量或增大其浮力。在上浮过程中，$\Delta\Delta>0$，即上浮时浮力不断增大，为了使水下机器人平衡，必须不断增大水下机器人的重量或减小其浮力。从深度角度来讲，这种状态是一种不稳定状态，即处于重力、浮力平衡的水下机器人在水下时，只要有一个微小的扰动，艇的深度变化就会越来越大。当水下机器人采用液体作浮力材料直接承受水压时，通常属于这种浮力特性，此时就需要水下机器人具有特殊的浮力调节系统。

(3) 当 $(\Delta\rho_Z+\Delta\rho_{S,T})g\nabla_0/\Delta Z=-\rho g(\Delta\nabla_Z+\Delta\nabla_T)/\Delta Z$ 时，在水下机器人上浮或下潜过程中，浮力变化为零，即水下机器人始终处于中性平衡状态。对于实际水下机器人来说，很少具有这样的浮力特性，因为在改变潜深的过程中往往伴随着水下机器人浮力的变化。

3.2.7 水下机器人阻力

水下机器人存在水下运动状态和水面运动状态，水面运动时，其所受到的阻力与普通排水型艇相似，此处不再讨论。本书有关水下机器人阻力均指其在水下航行时所受到的阻力，后面不再特意说明。

1. 阻力成分的划分

水下机器人的总阻力中，可根据不同的原则进行阻力成分的划分，以便研究分析。

按承受阻力的部位，水下机器人阻力可分为主艇体(也称为裸艇体)阻力和附体阻力。附体是指超出主艇体线型之外的特种装置，如方向舵、艉升降舵、稳定翼、声学应答器等部件。水下机器人所遭遇的主要是主艇体阻力。由于附体阻力不仅取决于其自身的尺度与形状，同时还和其与主艇体的相对位置及主艇体的形状有关，而且同一主艇体可以配置不同数量、大小及形状的附体，从理论上确定附体阻力较困难，一般采取试验的方法才可确定。所以，将水下机器人阻力划分为主艇体阻力和附体阻力，有利于对作为主要部分的主艇体阻力进行研究。

按水下机器人运动状态，其阻力可分为等速直线运动阻力、不等速直线运动阻力及非直线运动阻力，其中等速直线运动又可区分为沿艇体中纵剖面和不沿中纵剖面运动等情况，由于沿艇体中纵剖面等速直线运动在实际中占主要部分，本节仅限于讨论这部分情况。

按水下机器人所处的环境，其阻力可分为静深水阻力、水面阻力、浅水阻力、狭窄航道阻力等，其中静深水阻力研究得比较多，也比较完善，可以作为与其他环境中阻力相比较的基础。由于水下机器人活动的主要工况是静深水，因而本书主要介绍静深水阻力。

与水面无人艇相同,按作用力方向,可将水下机器人艇体总阻力划分为摩擦阻力和压阻力。由于水下机器人只考虑静深水情况,压阻力中不存在兴波阻力,因此水下机器人总阻力由摩擦阻力和黏压阻力构成,即

$$R_t = R_f + R_{pv} \tag{3-110}$$

2. 形状对阻力的影响

1)主艇体形状的影响

水下机器人主艇体形状对总阻力的影响主要体现在黏压阻力(形状阻力)方面。虽然黏压阻力主要由物体后部的形状控制,但物体最大横剖面之前的形状却并非与黏压阻力无关。若物体前部过于肥短,会导致与后部连接处的流速升高、压力降低,使得物体后部的减速流动增强,进而增大黏压阻力。

当如图 3-41 所示的不同形状和尺寸的物体浸没于水中自右向左运动时,其所产生的总阻力完全相等。因摩擦阻力与浸湿表面积成正比,故图 3-41 中浸湿表面积最大者,黏压阻力最小,由此可以看出物体形状对黏压阻力的影响。

阻力性能最佳的主艇体形状是中纵剖面近似于水滴形的轴对称体(也称为回转体),如图 3-42 所示,其最丰满截面(最大直径处)位于艇艉后方

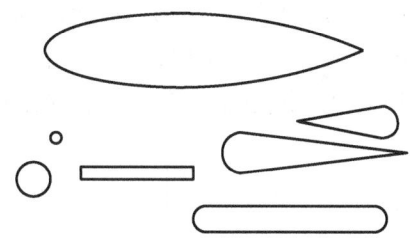

图 3-41 物体形状对黏压阻力的影响

30%~40%艇长,这种艇形称为水滴形艇体。在给定主艇体型排水体积条件下,拉长艇体长度会减小形状阻力,但会增大摩擦阻力。圆形横截面可提供最小的艇体浸湿表面积,因此摩擦阻力最小,而导致浸湿表面积增加的艇型摩擦阻力也将增大。在考虑主艇体形状时,以下两个参数至关重要。

(1)长细比 L/D,其中 L 是主艇体总长度,D 是其最大直径。

(2)菱形系数 $C_p = \nabla / A_m L$,其中 ∇ 表示主艇体型排水体积,A_m 表示主艇体最大横截面积。

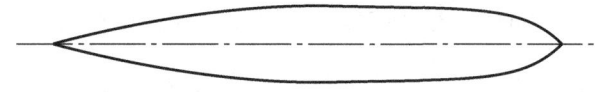

图 3-42 轴对称水滴形主艇体示意图

基于 CFD 仿真结果,可绘制出如图 3-43 所示的轴对称水滴形主艇体阻力系数随 L/D 变化趋势(Renilson,2018),从图中可以看出摩擦阻力和形状阻力的相对大小。

如图 3-43 所示,对于较大的 L/D 值,虽然形状阻力较小,但摩擦阻力较大。因此,对于无附体的水滴形艇体,总阻力最小值发生在 L/D 值约为 6.6 的位置,对应菱形系数最佳值约为 0.61。图 3-43 中三条曲线都没有明显的波谷,即 L/D 在 5~7 范围内变化时不会带来明显的阻力增加(Gertler,1950)。

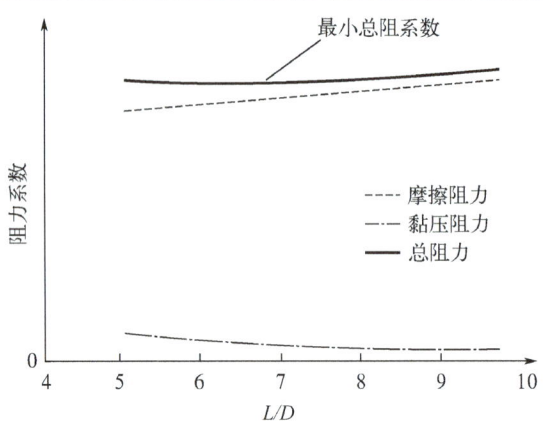

图 3-43 轴对称水滴形艇体阻力系数随长细比的变化

如果主艇体不是水滴形,而是包含一个平行中体的回转体,即艇体大部分长度范围内都是直径恒定的圆形横截面,则摩擦阻力和形状阻力的相对值将发生变化,如图 3-44 所示(Renilson,2018)。对于这种有平行中体的艇型,对应总阻力最小的 L/D 值更高,大约为 8(Leong et al.,2015;Crété et al.,2017)。

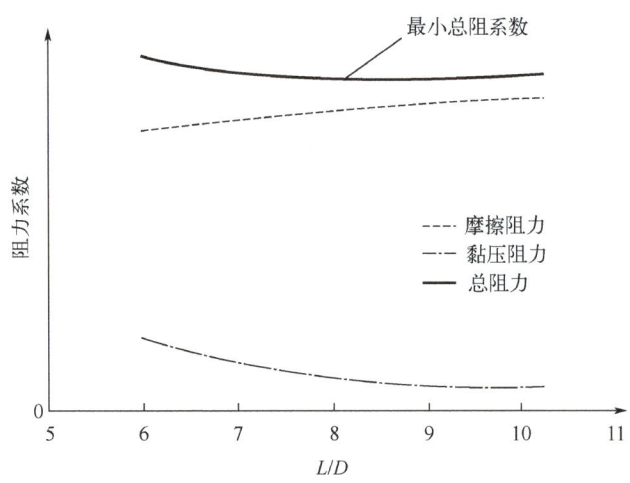

图 3-44 平行中体型艇体阻力系数随长细比的变化

平行中体型艇体的总阻力要大于水滴形艇体的总阻力,但水滴形艇体的建造成本相对更高,尤其是水滴形全耐压艇体相对于带有平行中体的全耐压艇体,建造成本将会更高。对此,经常建议耐压舱形状采用大段等直径圆形横截面平行中体型,表面用水滴形轻质外壳覆盖,如图 3-45 所示。这种艇体结构形式的总阻力系数(基于其最大横截面积或排水体积计算)比等排水体积的平行中体艇型更低,但此时耐压艇体与轻外壳之间水的质量也被视作艇体总质量的一部分,额外增加的这部分质量带来的影响很可能会超过艇体形状带来的水动力优势。这意味着在许多实际情况下,更简单的平行中体型艇体会比"更优"的水滴形艇体具有更低的阻力。

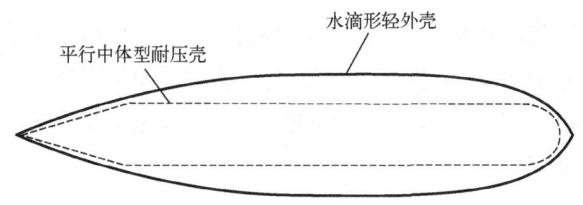

图 3-45 水滴形艇体及内部耐压舱

方便起见,通常将平行中体型主艇体分为三个部分:艏段(L_F)、平行中体(L_{PMB})和艉段(L_A),如图 3-46 所示。

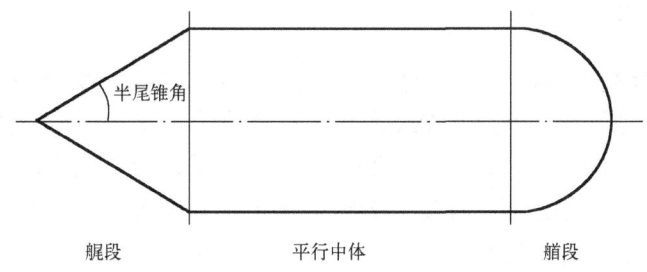

图 3-46 带有平行中体的水下机器人主艇体示意图

2) 艏段形状

艇体水中阻力最小的理想艏段形状是轴对称椭球体。然而,对这种最佳艏段形状的改变并不会对机器人总阻力产生重大影响。对于轴对称艏段形状,其型线可由式(3-111)进行计算:

$$r_{x_f} = \frac{D}{2}\left[1-\left(\frac{x_f}{L_F}\right)^{n_f}\right]^{\frac{1}{n_f}} \tag{3-111}$$

式中,r_{x_f} 为与艏段后端 x 方向距离 x_f 处的截面半径,如图 3-47 所示;L_F 为艏段长度;D 为艇体直径;n_f 为表征艏段丰满度的系数,当 $n_f = 1$ 时,艏段轮廓是锥形,当 $n_f = 2$ 时,艏段轮廓是半椭圆形。

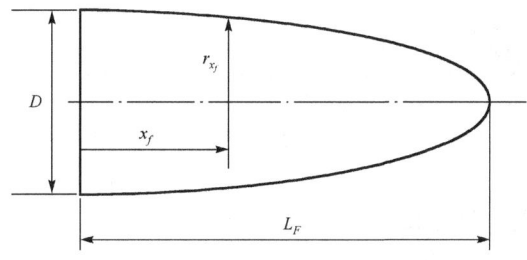

图 3-47 艏段示意图

通常情况下,艏段总阻力会随着 n_f 值的增加而增大,对应地,型排水体积也会增加,从而导致提供相同浮力所需的艇体总长度会减小。因此,应该谨慎选择使总阻力最小的 n_f 值。

一般来说,艏段压阻力会随着 n_f 值的增加而增大。当 n_f 降低到 2.2 以下时,通常不会显著减小压阻力,然而,更大的 n_f 值会导致舱段压阻力明显增加。因此,n_f 值约为 2.2 时的舱段是个比较好的形状,在获得尽可能大的舱部空间容积情况下,阻力没有明显增加。根据 Moonesun 和 Korol 于 2017 年提供的数据,舱段增大的压阻力可以通过式(3-112)得到的阻力系数进行估算:

$$\Delta C_{p_{fp}} = 0.01 \frac{A_F}{S_F}(n_F - 2.2) \qquad (3\text{-}112)$$

式中,A_F 为舱段迎流投影面积,$A_F = \pi D^2 / 4$;S 为整个主艇体的浸湿表面积。需要注意的是,式(3-112)仅适用于 $2.2 \leqslant n_f \leqslant 5$ 的情况。

3) 平行中体

为了最小化浸湿表面积,平行中体的最佳横截面形状应设计为圆形。由图 3-44 可知,具有平行中体型的主艇体,阻力性能最优时的 L/D 值约为 8。在给定型排水体积条件下,增加 L/D 值可减小艇体直径,这样更有利于建造。如果 L/D 值太小,则可能需要更大的舵翼等附体来保持控制稳定性,而附体会明显增大水下机器人总阻力,因此从阻力的角度来看,建议选择较大的 L/D 值。

4) 艉段形状

艉段的主要特征参数是半尾锥角。艉段过长,半尾锥角较小,会导致浸湿表面积增大(进而增大摩擦阻力),同时也会增加重量和建造成本。另外,如果艉段过短,半尾锥角较大,则可能导致或加速流动分离,这除了会增大艇体阻力和自噪声外,还会导致扰动流进入推进器,进而大幅增大推进器噪声并降低推进系统综合推进效率。

艉段在设计时需要与推进器一起考虑。对于布置在艇体轴线上的单推进器方案,推进器的存在将使艉段流动加速,如图 3-48 所示,而流动加速会降低流动分离的可能性。这意味着没有推进器时艉段的理想形状将不同于有推进器时的形状,推进器的存在将允许更大的半尾锥角和更丰满的艉段(Warren et al., 2000)。

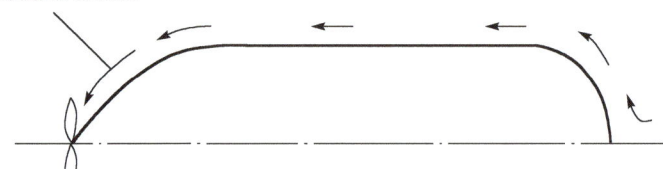

图 3-48 流体加速进入推进器示意图

3. 基于半经验公式的阻力预报

阻力系数一般表示成如下形式:

$$C_D = \frac{R_t}{1/2 \rho V^2 S_F}, \quad C_f = \frac{R_f}{1/2 \rho V^2 S_F}, \quad C_{pv} = \frac{R_{pv}}{1/2 \rho V^2 S_F}$$

式中,C_D 为总阻力系数;C_f 为摩擦总阻力系数;C_{pv} 为黏压阻力系数;ρ 为海水水密度;V 为机器人航行速度;S_F 为艇体浸湿表面积。

1) 主艇体阻力估算

目前还没有直接用于计算水下机器人艇体摩擦阻力的可靠公式，工程上主要采用相当平板理论确定艇体摩擦阻力。相当平板理论是指假设具有相同长度、相同运动速度和浸湿表面积的艇体与平板，它们的摩擦阻力相同。但是实际艇体表面不是平板，而是有曲度的，同时艇体表面还有粗糙度等。因此，用相当平板理论得到的摩擦阻力与实艇有差异。

不同水下机器人由于任务功能不同，艇体长度变化范围很大。对应长度相当平板，边界层内既可能全是层流或湍流，也可能同时存在层流区、过渡区和湍流区三个区域。由于边界层内流动状态不同，对应摩擦阻力差异很大，湍流区内摩擦阻力明显高于层流区阻力。因此，在计算水下机器人艇体摩擦阻力时，应针对相当平板边界层内流动状态采用不同的摩擦阻力系数计算公式。

实际使用中，一般采用下述公式计算相当平板摩擦阻力系数（艾赛拉占 等，2022）。当相当平板边界层内为层流，即 $Re_L < 5 \times 10^5$ 时，有

$$C_{f_{\text{flat}}} = \frac{1.328}{Re_L^{1/2}}$$

式中，$Re_L = \dfrac{VL}{\upsilon}$，$V$ 为机器人航行速度，L 为机器人总长，υ 为艇体周围水的运动黏性系数。

当相当平板边界层内为过渡状态，即 $5 \times 10^5 \leqslant Re_L \leqslant 10^7$ 时，有

$$C_{f_{\text{flat}}} = \frac{0.074}{Re_L^{1/5}} - \frac{1700}{Re_L}$$

当相当平板边界层内为湍流，即 $Re_L > 10^7$ 时，有

$$C_{f_{\text{flat}}} = \frac{0.074}{Re_L^{1/5}}$$

或当 $Re_L \geqslant 5 \times 10^5$ 时，直接采用下式计算摩擦阻力系数：

$$C_{f_{\text{flat}}} = \frac{0.455}{(\lg Re_L)^{2.58}}$$

上述公式均为计算相当平板的摩擦阻力系数，没有考虑艇体与平板形状差异带给摩擦阻力的影响。1957年，国际船模试验池会议（简称ITTC）上，通过分析几何相似水面船模阻力试验结果，推荐了如下摩擦阻力系数计算公式：

$$C_{f_{\text{form}}} = \frac{0.075}{(\lg Re_L - 2)^2} \tag{3-113}$$

式(3-113)称为"1957年国际船模试验池实船-船模换算公式"，简称1957 ITTC公式。该公式并不是常规的光滑平板摩擦阻力系数计算公式，而是专门用于船模和实船的摩擦阻力换算，考虑了实际船体与平板形状差异带来的影响(Renilson, 2018)。在水下机器人领域，当 $Re_L > 5 \times 10^5$ 时，可直接采用该公式计算艇体摩擦阻力系数。

然而，最近针对三轴对称艇型(Crété et al., 2017)的CFD仿真结果表明：艇体长细比 L/D 会对摩擦阻力产生影响，需要对1957 ITTC公式进行较小的修正。因此，对于水下

机器人，可以通过式(3-114)对无量纲总摩擦阻力系数进行计算：

$$C_{f_{\text{form}_{\text{hull}}}} = \frac{0.075}{(\lg Re - 2)^2}(1 + K_F) \tag{3-114}$$

式中，$K_F = 0.3\dfrac{D}{L}$，表示艇体长细比对摩擦阻力形状效应的影响。

除此之外，还需要一项修正：式(3-114)是针对光滑表面而言的，而实际中存在加工不均匀性等因素，水下机器人艇体表面不是完全水力光滑的。由于几乎没有相关性数据，实际中很难准确估计表面粗糙度带来的影响。对于水面舰船，有时会将修正值 $\Delta C_{f_{\text{form}_{\text{hull}}}} = 0.0004$ 添加到式(3-114)中，以计入艇体粗糙度。

水下机器人主艇体黏压阻力系数可采用式(3-115)计算获得(Renilson，2018)：

$$C_{pv_{\text{hull}}} = K_{pv} C_{f_{\text{form}}} \tag{3-115}$$

式中，K_{pv} 由式(3-116)给出：

$$K_{pv} = \left[\xi_{\text{hull}} + \xi_{\text{PMB}}\left(\frac{L_{\text{PMB}}}{L}\right)^{n_{\text{PMB}}}\right]\left(\frac{L}{D}\right)^n \tag{3-116}$$

式中，$\xi_{\text{hull}} = 4$；$\xi_{\text{PMB}} = 15$；$n_{\text{PMB}} = 3$；$n = -1.8$，方括号中的第一项代表无平行中体的主艇体压阻力(Gertler，1950)，第二项代表平行中体部分的压阻力。

对于丰满的艏段，其 n_f 值一般大于 2.2(图 3-47)，此时艏段压阻力将大于根据式(3-115)估算的阻力系数计算得到的阻力值，增加的压阻力可以通过式(3-112)进行估算。

综上，水下机器人主艇体总阻力可通过式(3-117)计算获得：

$$R_{t_{\text{hull}}} = \frac{1}{2}\rho V^2 S_{\text{hull}}(C_{f_{\text{form}_{\text{hull}}}} + \Delta C_{f_{\text{form}_{\text{hull}}}} + C_{pv_{\text{hull}}} + \Delta C_{pv_{\text{bow}}}) \tag{3-117}$$

式中，S_{hull} 为主艇体浸湿表面积，对于轴对称主艇体，可由式(3-118)计算获得：

$$S_{\text{hull}} \approx 2.25D(L - L_{\text{PMB}}) + \pi D L_{\text{PMB}} \tag{3-118}$$

式中，第一项是艏段和艉段浸湿表面积和的良好近似值；第二项是平行中体浸湿表面积计算值。

2) 舵翼附体阻力

对于一个纵向最大截面在前缘后约 30%长度处的细长流线形状(如 NACA 对称翼型)，其阻力系数可由式(3-119)计算：

$$C'_{T_{cs}} = \left[2 + 8 \cdot \frac{t_{cs}}{c_{cs}} + 120\left(\frac{t_{cs}}{c_{cs}}\right)^{4.5}\right]C_{f_{\text{form}_{cs}}} \tag{3-119}$$

式中，$C'_{T_{cs}}$ 为基于舵翼几何投影面积的阻力系数；t_{cs} 为舵翼的最大厚度；c_{cs} 为舵翼的弦长；$C_{f_{\text{form}_{cs}}}$ 为考虑形状效应的舵翼摩擦阻力系数，由式(3-120)进行计算：

$$C_{f_{\text{form}_{cs}}} = \frac{0.08}{(\lg Re_{cs} - 2)^2} \tag{3-120}$$

式中，Re_{cs} 为舵翼的雷诺数，可如下计算：

$$Re_{cs} = \frac{V_{cs} c_{cs}}{\upsilon}$$

式中，V_{cs} 为舵翼来流速度，近似估算时可直接用水下机器人航速代替。

单个舵翼的阻力可以由式(3-121)进行计算：

$$R_{T_{cs}} = \frac{1}{2} \rho V^2 A_{\text{plan}} C'_{T_{cs}} \tag{3-121}$$

式中，A_{plan} 为舵翼几何投影面积；$C'_{T_{cs}}$ 由式(3-119)得到。

所有舵翼总阻力可以通过对每个舵翼的值进行求和得到。

3) 较大尺度流线型附体

水下机器人上经常存在一些对总阻力影响较大的设备，如圆柱形的声呐换能器和通信天线等，为尽可能减小这部分附体阻力，通常在这些附体外侧用尺寸更大的流线型(截面形状一般为 NACA 对称翼型)轻外壳进行包络导流。

这种流线型附体阻力同样由摩擦阻力和黏压阻力两部分构成。

对于摩擦阻力系数，同样可采用式(3-122)来计算：

$$C_{f_{\text{form}_{\text{sail}}}} = \frac{0.08}{(\lg Re_{\text{sail}} - 2)^2} \tag{3-122}$$

式中，计算雷诺数 Re_{sail} 时，速度取为机器人航速，特征长度取为流线型附体沿来流方向的总长度(附体弦长)。

由于附体尺度相对较大，还需要考虑其表面非完全光滑带来的影响，即粗糙度修正。由于同样缺少相关数据进行准确估计，此处仍然选用水面船中的粗糙度修正值 $\Delta C_{f_{\text{form}_{\text{sail}}}} = 0.0004$，计算时，将该修正值加到式(3-122)的结果中即可。

当流线型附体厚长比 $\dfrac{t_{\text{sail}}}{c_{\text{sail}}}$ 为 0.15~0.40 时，黏压阻力系数可以根据式(3-123)计算获得(Renilson, 2018)：

$$C_{pv_{\text{sail}}} = 10 \left(\frac{t_{\text{sail}}}{c_{\text{sail}}} \right)^{1.75} C_{f_{\text{form}_{\text{sail}}}} \tag{3-123}$$

式中，t_{sail} 为附体最大厚度；c_{sail} 为附体沿来流方向总长度。

流线型附体总阻力可由式(3-124)计算获得：

$$R_{T_{\text{sail}}} = \frac{1}{2} \rho V^2 S_{\text{sail}} (C_{f_{\text{form}_{\text{sail}}}} + \Delta C_{f_{\text{form}_{\text{sail}}}} + C_{pv_{\text{sail}}}) \tag{3-124}$$

式中，S_{sail} 为较大尺度流线型附体的浸湿表面积。

对于厚长比 $\dfrac{t_{\text{sail}}}{c_{\text{sail}}} < 0.15$ 的流线型附体，可参照式(3-119)舵翼阻力系数估算方法计算。

4) 非流线型附体阻力估算

水下机器人主艇体上除了流线型附体外，还可能存在其他非流线型附体。这部分附体的阻力在机器人总阻力的占比一般较小,但随着其尺度变大,其阻力值也不可忽视。

对于这部分非线性附体,当其特征长度雷诺数 $Re_{us} \geqslant 10^4$ 时,可采用式(3-125)计算其阻力:

$$R_{t_{us}} = \frac{1}{2}\rho V^2 S_{us} C_{t_{us}} \qquad (3\text{-}125)$$

式中,S_{us} 为非流线型附体迎流投影面积;$C_{t_{us}}$ 为对应的附体阻力系数,取值可参照表 3-13(艾赛拉占 等,2022):

表 3-13 $Re_{us} \geqslant 10^4$ 时不同形状三维物体的阻力系数

形状	$C_{t_{us}}$	形状	$C_{t_{us}}$
张线尾撑	0.47+	分离	1.17
	0.38		1.17
	0.42		1.42
	0.59+		1.38
立方体	0.80+	立方体	1.05+
60°	0.50		

注:带"+"的表示在风洞地板上测得的数据。

5) 总阻力

综上所述,可以采用式(3-126)估算水下机器人的总阻力:

$$R_t = R_{t_{hull}} + \sum R_{t_{cs}} + R_{t_{sail}} + \sum R_{t_{us}} \qquad (3\text{-}126)$$

需要说明的是,上述阻力计算公式均为近似估算方法,而且忽略了附体与主艇体间相互扰动带来的影响,准确性相对较差,但计算效率很高,适用于水下机器人方案设计阶段的阻力预报。

4. 计算流体力学(CFD)阻力预报

现有的 CFD 技术可以用于预报水下机器人的阻力,但由于深静水条件下摩擦阻力成分占主导地位,对这一部分阻力的准确预报存在一些困难,如基于经验选择湍流模型。但是,CFD 方法可以对全尺寸水下机器人模型进行仿真计算,能最大限度减小尺度效应带来的影响,从这一角度来说,其相比于缩比模型试验阻力预报更具优势。

CFD 方法可以非常有效地用于研究流动状态,特别是附体尾迹流进入推进器的情况。CFD 还可以有效地用于确定艇体形态细微变化的影响。然而,当前 CFD 技术存在一个典型问题,即没有标准的方法来准确预测物体的阻力,主要原因是计算能力和 CFD 技术都在迅速发展。因此,在分析艇体形状变化引起阻力变化时,需要特别注意:CFD 方法的改进可能使得用于新艇体形式的方法(网格尺寸、湍流模型、y^+等)与用于原艇体的不同,如果发生这种情况,阻力结果的差异既可能是由于新的 CFD 技术,也可能是由于新的艇体形状。这意味着必须确保使用相同的 CFD 方法计算两种艇体形状的阻力。

最后,与模型试验一样,在需要将 CFD 结果应用到全尺寸对象时,任何相关修正存在不确定性。由于没有标准的 CFD 程序,在 CFD 中可能比模型试验更难获得准确修正。

5. 基于模型试验的阻力预报

在目前的技术水平下,还不能利用理论分析方法准确地计算水下机器人在水中航行时的阻力。对于小型水下机器人,可以直接进行全尺寸阻力试验,而对于中大型水下机器人,经常通过缩比模型阻力试验来估算实艇阻力。模型试验是研究水下机器人阻力规律的重要手段。

1) 相似条件

水下机器人模型试验应在满足相似条件的情况下进行。相似条件是指水下机器人模型与实艇要达到几何相似、运动相似和动力相似。几何相似要求模型和实艇具有同样的几何特征,各几何特征尺度有同一尺度比。运动相似要求模型和实艇有同样的运动方式。动力相似要求模型在水中运动时所受到的流体动力与实际水下机器人的受力情况相似。前两者容易达到,而动力相似需满足相应的动力相似条件。

在实际进行水面船舶阻力试验时,要求弗劳德数相等,雷诺数超过某一临界值——临界雷诺数,以使模型和实艇的流动状态一致,即达到湍流状态,而由雷诺数不同引起的尺度效应,可在试验后进行修正。这一要求适用于水下机器人缩比模型试验。

2) 试验设备和方法

模型阻力试验一般可在船模拖曳试验水池或大型循环试验水槽中进行。通常将模型置于尽可能深的位置,以尽量减小自由液面的影响,但同时也要避免水池池底或水槽槽底的任何影响。为避免池底和侧壁对试验的影响,即阻塞效应,一般水深应大于模型长度,而模型最大横截面应小丁 0.5%水池横截面积或小丁 5%水槽横截面积。

试验时,模型通过支撑杆与水池拖车或水槽车架连接,并倒置测试,以减少支撑杆造成的干扰,如图 3-49 所示。

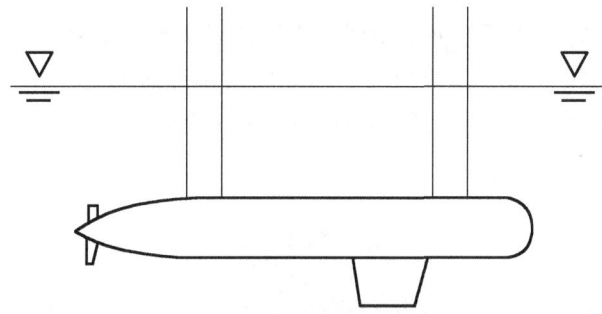

图 3-49 潜艇缩比模型阻力试验的典型布局

进行阻力试验时的模型阻力由阻力仪测得,阻力仪有机械式和电测试两种。阻力试验是指测量不同航速下模型的总阻力。

有时由于模型尺度较小或最大试验航速较低,雷诺数不能达到临界雷诺数,试验中经常采用激流丝或激流杆(图 3-50)加入扰动,使模型周围的流动达到湍流。

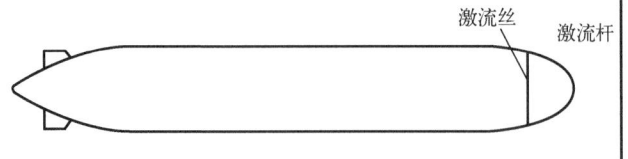

图 3-50 激流丝与激流杆

除上述方法外,也可利用风洞进行模型阻力试验。根据风洞的尺寸和所能达到的最大风速,在风洞中可能获得比前述两种方法更高的雷诺数。此外,风洞中不会出现自由液面波浪影响,而且在测试期间更容易对模型进行修改,流动可视化也更容易实现。

3)阻力换算方法

由于难以实现模型与实艇的全相似,所以不可能将模型试验结果测得的总阻力系数直接等同于实艇总阻力系数,而是需要通过相应的换算。这里介绍一种比较常用的阻力换算方法——弗劳德换算法。

弗劳德提出了下列两项假定。

假定一:船的总阻力可分为两部分,一部分为摩擦阻力,只与雷诺数 Re 有关;一部分为剩余阻力,只与弗劳德数 Fr 有关,故有

$$R_t = R_f \cdot Re + R_r \cdot (Fr) \tag{3-127}$$

式中,R_r 为剩余阻力,包括兴波阻力 R_w 和黏压阻力 R_{pv},由于本节只讨论水下机器人在水下的状态,所以剩余阻力中只有黏压阻力;弗劳德数由式(3-128)计算:

$$Fr = \frac{V}{\sqrt{gL}} \tag{3-128}$$

式中,V 为航速;g 为重力加速度;L 为艇长。

假定二:船体的摩擦阻力与具有同速度、同长度、同浸湿表面积的平板摩擦阻力相等。

按照上述两项假定,即可根据模型试验结果计算实艇的阻力。

由于要求实艇与模型弗劳德数相等,因此根据弗劳德假定一,二者剩余阻力系数相等。根据弗劳德比较定律,当模型和实艇的速度对应时,实艇的剩余阻力 R_{rs} 与模型的剩余阻力 R_{rm} 应有如下关系:

$$R_{rs} = R_{rm} \cdot \frac{\rho_s \nabla_s}{\rho_m \nabla_m}$$

式中,下标"s"和"m"分别表示实艇和模型;$\rho_s \nabla_s$ 和 $\rho_m \nabla_m$ 分别为实艇和模型的排水量。因模型试验都在淡水中进行而实艇在海水中航行,故有

$$\frac{\rho_s \nabla_s}{\rho_m \nabla_m} = \frac{\rho_s L_s^3}{\rho_m L_m^3} = \frac{\rho_s}{\rho_m} \cdot \lambda^3 \tag{3-129}$$

式中，ρ_s 和 ρ_m 分别为海水和淡水的密度；λ 为长度之比。

$$R_{ts} = R_{fs} + R_{rm} \cdot \frac{\rho_s \nabla_s}{\rho_m \nabla_m} = R_{fs} + (R_{tm} - R_{fm}) \cdot \frac{\rho_s}{\rho_m} \cdot \lambda^3 \tag{3-130}$$

式中，R_{fs} 和 R_{fm} 可以通过弗劳德相当平板假定计算得到；R_{tm} 由模型试验直接测量得到。

若将式(3-127)左右两边都除以 $\frac{1}{2}\rho S V^2$，可得其无因次形式：

$$\frac{R_t}{\frac{1}{2}\rho S V^2} = \frac{R_f}{\frac{1}{2}\rho S V^2} + \frac{R_r}{\frac{1}{2}\rho S V^2}$$

即

$$C_t = C_f + C_r \tag{3-131}$$

式中，C_r 为剩余阻力系数。

因在相应速度时，有

$$C_{rs} = C_{rm} \tag{3-132}$$

即

$$C_{ts} - C_{fs} = C_{tm} - C_{fm} \tag{3-133}$$

故有

$$C_{ts} = (C_{tm} - C_{fm}) + C_{fs} \tag{3-134}$$

式中，$C_{fs} = \frac{0.075}{(\lg Re_s - 2)^2}$；$C_{fm} = \frac{0.075}{(\lg Re_m - 2)^2}$。

对于尺度较大的实艇，要考虑实艇与模型间的粗糙度差异，此时需要在式(3-134)中加入粗糙度修正系数 ΔC_f，由此，式(3-134)可改写为

$$C_{ts} = (C_{tm} - C_{fm}) + C_{fs} + \Delta C_f \tag{3-135}$$

由于缺乏足够多的试验数据，无法准确确定 ΔC_f 值，一般取 0.0004(List，2011)。

据此可计算实艇总阻力：

$$R_{ts} = C_{ts} \cdot \frac{1}{2}\rho_s S_s V_s^2 \tag{3-136}$$

式(3-134)也可由式(3-130)左右两边都除以 $\frac{1}{2}\rho_s S_s V_s^2$ 后求得。

几十年来，弗劳德提出的上述换算方法在世界各国试验水池中被广泛用于船舶和潜艇，直到现在仍继续被采用。其原因在于用弗劳德假定来进行计算，所得结果一般与实际情况相当接近，而要建立更完善、更合理的假定有很多困难。

3.2.8 水下机器人推进

水下机器人主要采用螺旋桨推进器为其在水中运动提供推进力。螺旋桨与机器人艇

体距离非常近,二者之间必然存在相互作用,为保证水下机器人能够稳定、高效移动,在水下机器人设计和快速性分析时需要加以考虑。

1. 螺旋桨与艇体间的相互作用

1) 艇体伴流

水下机器人,特别是 AUV 在水中以某一速度航行时,会带动艇体周围的水运动,表现为伴随在艇体周围的一股水流,这股水流称为伴流。由于伴流的存在,螺旋桨与水的相对速度和艇的航速有所不同,在快速性问题中,主要关心的是艇体对螺旋桨的影响,故通常伴流即为艇艉螺旋桨盘面处的伴流。

伴流速度场是很复杂的,它在螺旋桨盘面各点处的大小和方向是不同的。一般来说,伴流速度场可以用相对于螺旋桨的轴向速度、周向速度和径向速度三个分量来表示。测量结果表明,与轴向伴流速度相比较,周向和径向两种分量为二阶小量,在螺旋桨设计问题中,常可不予考虑。因此,如无特别说明,一般伴流是指轴向伴流。

若艇速为 V,桨盘处伴流的平均轴向速度为 u,则螺旋桨与该处水流的相对速度 V_A(螺旋桨进速)为

$$V_A = V - u \tag{3-137}$$

伴流的大小通常用伴流速度 u 与船速 V 的比值 w 来表示,w 称为伴流分数,即

$$w = \frac{u}{V} = \frac{V - V_A}{V} = 1 - \frac{V_A}{V} \tag{3-138}$$

若已知伴流分数,则可由式(3-139)确定螺旋桨的进速 V_A:

$$V_A = (1 - w)V \tag{3-139}$$

2) 推力减额

螺旋桨在艇艉工作时,由于它的抽吸作用,桨盘前方的水流速度增大。根据伯努利原理,水流速度增大,压力必然下降,故降低了艇艉部分的分布压力,导致艇体压阻力增加。此外,艇体艉部水流速度的增大,使摩擦阻力也有所增加,但其数值远较压阻力的增加更小。

螺旋桨在艇艉工作时引起的艇体附加阻力称为阻力增额 ΔR_t。若螺旋桨发出的推力为 T,则其中一部分必须用于克服艇的阻力 R_t,而另一部分则要克服阻力增额 ΔR_t,即

$$T = R_t + \Delta R_t \tag{3-140}$$

由式(3-140)可见,螺旋桨发出的推力中只有 $T - \Delta R_t$ 这一部分是用于克服艇体阻力 R_t 并推动艇体前进的,故称为有效推力 T_e。习惯上,将 ΔR_t 称为推力减额,并以 ΔT 表示。因此,螺旋桨的总推力 T 可写为

$$T = R_t + \Delta T \tag{3-141}$$

式(3-141)也可写为

$$R_t = T - \Delta T \tag{3-142}$$

通常以推力减额 ΔT 与推力 T 的比值,即推力减额分数 t_s 来表征推力减额的大小:

$$t_s = \frac{\Delta T}{T} = \frac{T - T_e}{T} = \frac{T - R_t}{T} \tag{3-143}$$

由此可得,艇体阻力和螺旋桨推力 T 之间的关系为

$$R_t = T(1 - t_s) \tag{3-144}$$

推力减额分数的大小与艇型、螺旋桨尺度、螺旋桨负荷以及螺旋桨与艇体间的相对位置等因素有关。用理论方法来计算推力减额是很困难的，通常根据艇模自航试验或经验公式来确定。

显然，伴流表示的是艇体对螺旋桨的影响，而推力减额表示的是螺旋桨对艇体的影响。两者实际上并不是独立的，而是相互关联的。

2. 水下机器人推进系统的效率

本节以常见的单电机螺旋桨驱动的水下机器人为例，来介绍其推进系统的效率。

当水下机器人以速度 V 航行时，推进系统电机收到功率为 P_S，螺旋桨发出推力为 T，艇体阻力为 R_t，单位时间内推动水下机器人前进所做的有用功称为有效功率 P_E：

$$P_E = R_t V \tag{3-145}$$

则推进系统的总效率（也称为推进系数）P.C. 为

$$\text{P.C.} = \frac{P_E}{P_S} \tag{3-146}$$

电机运行过程中，由于电阻、摩擦等因素，收到功率 P_S 不会完全输出给轴端。电机轴端输出功率 P_M 与收到功率 P_S 之比为电机工作效率 η_M，即

$$\eta_M = \frac{P_M}{P_S} \tag{3-147}$$

电机轴端功率通过轴系等将功率传递给螺旋桨，由于传递过程中可能存在损耗，螺旋桨实际收到的功率 P_D 小于电机的输出功率 P_M，二者的比值称为传递效率 η_D：

$$\eta_D = \frac{P_D}{P_M} \tag{3-148}$$

当螺旋桨在艇艉工作时，收到功率为 P_D，发出推力为 T，螺旋桨盘面前的来流速度为 V_A（即螺旋桨进速），则单位时间内螺旋桨对流体做的功称为推功率 P_T：

$$P_T = T V_A \tag{3-149}$$

螺旋桨推功率 P_T 与其收到功率 P_D 之比为螺旋桨效率 η_B：

$$\eta_B = \frac{P_T}{P_D} \tag{3-150}$$

由于螺旋桨工作时位于水下机器人艇体艉部，这与其在敞水条件下的工况存在差异。将艇艉螺旋桨效率 η_B 与敞水螺旋桨效率 η_O 之比称为相对旋转效率 η_R，如式(3-151)所示。这里需要说明的是，相对旋转效率本质上不是"效率"，而是效率的比值。

$$\eta_R = \frac{\eta_B}{\eta_O} \tag{3-151}$$

艇体伴流的影响，使得螺旋桨进速 V_A 与水下机器人航行速度 V 不相等；由于存在推力减额，螺旋桨推力 T 不完全用于抵消总阻力 R_t。因此，推进器产生的有效功率 P_E 与螺旋桨实际输出功率 P_T 不同，二者间的差异即为艇桨间相互作用带来的影响。有效功率 P_E

与螺旋桨推功率 P_T 之比称为船身效率 η_H，即

$$\eta_H = \frac{P_E}{P_T} = \frac{R_t V}{T V_A} = \frac{1-t_s}{1-w} \tag{3-152}$$

式中，t_s 为水下机器人推力减额分数；w 为伴流分数。

根据上述分析，可将推进系数 P.C. 表示为

$$\text{P.C.} = \frac{P_E}{P_S} = \frac{P_E}{P_T} \cdot \frac{P_T}{P_D} \cdot \frac{P_D}{P_M} \cdot \frac{P_M}{P_S} = \eta_H \eta_O \eta_R \eta_D \eta_M \tag{3-153}$$

由于目前水下机器人主流采用的是集成式电机推进器，因此电机与螺旋桨间的轴系传动可以认为没有能量损失，或将该轴系传动效率合并到电机效率中来考虑。此时，式(3-153)可改写为

$$\text{P.C.} = \eta_H \eta_O \eta_R \eta_M \tag{3-154}$$

可见，推进系数由四个效率成分组成。

思 考 题

1. 水面无人艇各艇型系数的含义是什么？各艇型系数是否相对独立？
2. 对于水面无人艇、水下机器人的初稳性，二者之间是否有差异？简要分析说明。
3. 简述海洋机器人黏压阻力的成因。
4. 简述水面无人艇兴波阻力的成因。
5. 具有初始平衡浮态的水面无人艇和浸没于水中的水下机器人，是否具有自动均衡能力？为什么？
6. 对于某一在水面静止时有部分艇体突出于水面的 AUV，当其从水面航行至水下时，艇体重心、浮心、稳心是否会有变化？
7. 确定水下机器人相对比重量的意义是什么？在设计时，可通过哪些途径来使水下机器人的排水量最小？
8. 水下机器人的浮力会受到哪些环境因素的影响？影响最大的环境参数是什么？
9. 水下机器人在潜浮过程中会有哪几种浮力特性？针对这些浮力特性，设计时需要重点考虑的因素有哪些？
10. 简述水下机器人螺旋桨与主艇体间的相互作用，试分析：对于安装在艇艉的螺旋桨推进器，其综合推进效率是否会高于敞水中的螺旋桨推进器？
11. 某 AUV 经方案设计后，已达到浮性平衡状态，选用浮力材料的比重量为 γ_B。设计师复查方案时发现一个可承压水密的构件被遗漏，其比重量为 γ_1，且 $\gamma_1 < \gamma_B$，体积为 ∇_1。设海水比重量为 γ，坐标系是以艇艏为 x 轴正向的右手坐标系，其原点设在重心处。试计算分析：

(1) 若该构件布置在耐压舱内部，艇体重新保持浮态平衡所需增减的浮力材料重量；

(2) 若将该构件布置在耐压舱外部位置 (x_1, y_1, z_1) 处，为保证浮性平衡，对应浮力材料的增减数量和潜水器新的重心位置；

(3) 比较说明该构件分别布置在耐压舱内和舱外时，潜水器总重量相对于加入该构件前的平衡状态是增重还是减重。

第4章 海洋机器人方案设计

海洋机器人方案设计的主要目标是在满足任务书和约束条件前提下,寻找排水量、主尺度等各项主要要素的最(较)优配合,以达到功能或经济性最(较)优。

海洋机器人方案设计的主要过程是,根据任务书/合同书中的作业任务要求,确定任务载荷、导航定位、通信、环境感知子系统设备选型方案,在此基础上,根据续航力(航程)和航速指标要求,选定海洋机器人艇型,估算主尺度和排水量,确定能源与动力子系统和推进与操纵子系统方案,形成海洋机器人总布置方案,最终预报海洋机器人航速、航程、续航力等主要技术参数。

需要说明的是,海洋机器人的方案设计过程是循序渐进、不断迭代的,几乎不可能严格按照先后顺序串列设计实现。而且,海洋机器人任务要求不同,则设计过程和设计结果不同。即使是相同的设计要求,设计过程和设计结果也很可能有差异,即海洋机器人设计过程和设计结果不唯一。

本章主要介绍水面无人艇(USV)和自主水下机器人(AUV)方案设计内容、一般设计步骤、所需考虑的问题及方法。

4.1 水面无人艇方案设计

本节主要介绍水面无人艇方案设计的主要内容、一般设计步骤、所需考虑的问题及方法。

4.1.1 系统组成

目前,国内外尚没有 USV 系统的统一划分方法,各分系统的名称也不一致。根据国外 USV 的相关资料,借鉴无人机、水下机器人等无人平台的系统划分方法,将整个 USV 系统划分为智能控制、环境感知、导航与定位、通信、任务载荷、能源与动力、推进与操纵、艇体、监控等9个子系统。其中,前7个子系统均集成在艇体上,构成 USV 平台本体,而监控子系统独立于平台本体,一般布置在支持保障平台上,如岸基基地、其他有人船等。

1)智能控制子系统

智能控制子系统(简称"控制子系统")是 USV 的"大脑",其作用相当于舰艇上的舰长、航海长和动力长三者职能之和,主要用于对 USV 进行使命和任务规划,控制机器人上的动力、推进等执行机构和任务载荷,按照要求完成航行机动、实施正确动作并完成相应的任务。

2)环境感知子系统

环境感知子系统(简称"感知子系统")是 USV 的"眼睛""耳朵",主要通过雷达、可见光相机、红外相机等传感器对 USV 周围环境(包括障碍物和可疑目标)进行检测与识别。

3) 导航与定位子系统

导航与定位子系统为 USV 提供位置、航向、航速和姿态等信息,以保障 USV 安全航行、作战或作业。主要导航系统和设备包括卫星导航、捷联惯性导航器件等。

(1) 卫星导航。

卫星导航是指采用导航卫星对地面、海洋、空中和空间用户进行导航定位的技术。世界范围内目前仅有美国的 GPS、中国的北斗、俄罗斯的格洛纳斯和欧洲的伽利略等四种商用卫星导航系统。

(2) 惯性导航。

惯性导航系统(inertial navigation system,INS)也称为惯性参考系统,是一种不依赖于外部信息,也不向外部辐射能量(如无线电导航)的自主式导航系统。惯性导航的基本工作原理是以牛顿运动定律为基础,通过测量载体在惯性参考系的加速度,将它对时间进行积分,且把它变换到导航坐标系中,就能够得到在导航坐标系中的速度、偏航角和位置等信息。

4) 通信子系统

通信子系统可包括无线电通信、卫星通信和以太网通信等,主要用于 USV 与其他平台的通信,实现信息的双向传输。

(1) 无线电通信。

无线电通信是利用无线电波传递信息而达成的通信,用于实时传递语音、文字、图像和数据,海上最大通信距离可达几十千米。

(2) 卫星通信。

卫星通信主要用于 USV 与岸上指挥中心、母船(艇)、飞机、其他 USV 之间大信息量和短时间快速信息的空中传输,以实现数据、信息和情报的超远距离传输。

(3) 以太网通信。

以太网通信通过无线网络(Wi-Fi)传输数据,通信数据率可达 100Gbit/s,主要用于短时大量数据传输,但通信距离小,一般在百米范围内。

5) 任务载荷子系统

任务载荷是指为满足 USV 使命任务,实现作战或作业功能而配置的水声、电子和光学等设备,及水中武器、水面/水下作业工具等。

6) 能源与动力子系统

能源与动力子系统是为 USV 提供动力源,为设备和任务载荷提供电源的各种装置的集合,是限制 USV 航行性能的主要因素之一。对于主要采用燃油动力的 USV,其能源与动力系统设备主要是燃油发动机及轴系、发电机以及储能电池等。

7) 推进与操纵子系统

推进与操纵子系统是为 USV 前进、转向、倒航等机动提供驱动力的各种装置的集合,是决定 USV 作业性能的主要因素之一,通常根据其设计和用途的不同而有所差异。

8) 艇体子系统

艇体为前述 7 个子系统提供了安装搭载平台,其尺寸和形状(艇型)直接决定了 USV

的航行和作业性能。

9)监控子系统

监控子系统的作用是通过通信、定位手段，监视 USV 位置，获得 USV 采集的数据及反馈回来的状态信息，向 USV 发送控制及任务指令等。其核心是安装有监控软件的监控计算机，以及相应的通信、定位及电源等设备。

子系统 1)~5)的设备选型主要取决于 USV 任务要求，一旦确定后一般不会再变。而为保证所设计的 USV 在满足技术指标要求前提下尺寸和排水量最小，艇体参数、能源与动力子系统和推进与操纵子系统的最终方案需要反复迭代才能确定，这一过程是 USV 方案设计的主要工作内容。

4.1.2 艇体主尺度的确定

1. 确定主尺度的基本要求

USV 主尺度对其稳性、快速性、操纵性、耐波性、空艇重量、舱容、结构强度、总布置、经济性等有着重要影响。因此，合理地确定 USV 的主尺度是其总体设计中首先要完成的最重要的工作，也是开展后续工作的基础。

USV 主尺度的确定，既要满足使用性能、技术性能、经济性能的要求，又要满足客观环境条件(港口、水道、运河、海峡、船坞、船台等)的要求。主尺度确定过程不是一蹴而就，而是逐渐近似的。开始时着眼于主要要求，初选主尺度，进行各项性能估算，修正尺度，最后通过绘图和较准确的校验调整，得到一组满足各项要求的主尺度方案。

在确定 USV 主尺度过程中，需满足 6 项基本要求。
(1)浮力原理，浮力要等于或略大于 USV 的重量。
(2)容量要求，设计方案应能提供足够的容积或面积，满足载荷要求。
(3)性能要求，包括稳性、快速性、操纵性、耐波性，以及结构强度要求。
(4)满足用户的各项使用要求。
(5)满足客观条件的要求，如航区、航线、港口、船闸等对尺度的限制。
(6)在保证上述各项要求的基础上，力争做到 USV 的经济性能最佳。

2. USV 主要主尺度参数

1)艇长

对于艇长的选择，应在满足总布置要求下，尽量缩短，以减轻总重量，降低造价。另外，艇长与排水量的关系对于推进性能具有重要意义，在一定排水量和航速下有一最佳长度，此时所耗功率最小。从阻力观点出发，艇长仅对低速航行有影响，对高速滑行时的阻力没有直接影响。

2)艇宽

对滑行艇来说，宽度选择比长度选择更为重要，它是提供有效动升力的一个重要参数，特别是折角线宽度为滑行艇主尺度中首要因素，在高速时，若不将此宽度加大到必需的数值,将直接影响起滑状态。艇宽一般考虑艇舯型宽和艉板处折角线宽这两个值。如果重心位置允许相应后移以保持纵倾角处于有利的角度,在排水量一定的情况下,增大艇宽相当于增大滑行面的展弦比,可以提高滑行效率,使滑行艇获得较大的流体动升力,提高升力系数,而且浸湿表面积也随之减小,对阻力性能是有利的。如果重心位置固定不变,则在增加宽度的同时,浸湿长度几乎不变,由于浸湿表面积增大而使摩擦阻力增大,与此同时,艉部浮力增大,浮心后移,使纵倾角减小,剩余阻力也减小,因此将存在着一个与纵倾角相对应的有利宽度。然而,过宽的折角线宽会使航行纵倾角度过小及浸湿表面积加大,特别当艉板处的宽度过大时,摩擦阻力会增大很多,艇的加宽还会使艇体重量相应增加,会影响航速。

3) 长宽比

长宽比 L/B 是指艇体设计水线长与型宽的比值,对排水型船和滑行艇阻力都极为重要。对滑行艇而言,长宽比为 2~7 为宜,具体数值根据不同的设计要求选定。一般来说,过小的长宽比会出现较大的阻力峰,且在高速时容易产生纵向颠簸。长宽比对静水阻力的影响还与航速密切相关,按航速的不同大致可以分为以下 3 种情况。

(1) 较低速度。Fr_V=1.0~2.0 时,阻力值随长宽比的增大而显著下降。此时,滑行艇处于排水航行阶段,其流体动力特性与高速排水艇完全相同,因此艇体长宽比对阻力影响十分显著。当长宽比增大时,剩余阻力特别是兴波阻力明显减小,因此阻重比(即阻力与排水量的比值)显著下降。

(2) 较高速度。2.0<Fr_V<3.0 时,随着 L/B 增大,阻力值减小的趋势变得缓慢,甚至会出现阻力值随长宽比增大而略有增大的趋势。此时,滑行艇处于过渡"起滑"或开始滑行的情况。由于此时艇体所受到的水动升力已占艇体所受支撑力的较大部分,相对来说静浮力作用逐渐减小,因而通过增加艇体长宽比来减小艇体阻力中的兴波阻力的收效并不十分明显,故继续增大长宽比,其阻力值的减小缓慢,甚至不再减小。

(3) 高速度。Fr_V>3.0 时,长宽比对阻力影响将发生根本的变化,主要表现在以下两点。一方面,过分增大长宽比,其相应的阻升比反而增大,这说明过大的 L/B 对滑行艇来说不可取。这不但与常规船,而且与高速排水艇(即过渡型快艇)也有根本的区别。因为,此时艇底水动升力很大,艇体被抬出水面,处于"滑水前进"的状态,其阻力性能的优劣完全取决于水动升力的大小。因此,如果取适当小的长宽比值,则相当于增大了艇底滑行面的展弦比,升力作用大。另一方面,艇体取较大的长宽比值,其相应的摩擦阻力也较大;即使在全滑行时,艇体的摩擦阻力在总阻力中仍占有相当大的部分。基于这两方面的原因以及高速滑行艇的飞溅作用,对于速度极高的滑行艇,其长宽比宜取适当小的值,以便能确保其阻力较小。

4) 型深

型深对无人艇稳性、抗沉性、总纵强度、干舷、容积等因素都有影响。在吃水一定的条件下,型深的大小决定了干舷的高低,型深增加,干舷升高,无人艇储备浮力增大,抗沉性增大,与此同时,艇体进水角也加大,复原力矩增大,对无人艇稳性有利;型深增加,横剖面模数迅速加大,对艇体纵向强度有利;型深增加,舱容也增大,对机舱布置有利;但型深增加,艇体材料用量也增加,无人艇重量同时也增加。艇体吃水加上最小干舷确定型深的下限，在此基础上，综合稳性、抗沉性、总纵强度和容积等因素选择型深参数。

5）吃水

设计吃水的选择主要从以下几个方面考虑。

（1）从浮力方面来看，增加吃水，可减小方形系数或型宽及艇长，对快速性和减轻空艇重量等许多方面都是有利的。当然，减小型宽或艇长都应该满足稳性和布置空间等有关的要求。

（2）从稳性方面来看，增加吃水，会使型深吃水比减小，而型深吃水比对稳性的影响较大，会造成稳性的降低。

（3）从耐波性方面来看，长度吃水比较大者，在风浪中纵摇与升沉运动较为缓和，但吃水又不可取得过小，以免引起艇踵出水而产生拍击。

6）折角线宽度

滑行艇的艇底与舷侧以折角线连接，使得艇底水流在舷侧处抛出，减小浸湿表面积，并使艇底成为一个滑行面。折角线的设计参数对艇的性能有重要影响。最大折角线宽度一般在离艇艏部40%总长处，在艉板处，折角线宽度与最大折角线宽度的比值为0.65～0.80。减小艉部折角线宽度有利于改善滑行性能，但是过分窄的艉部不但不能满足实艇布置的要求，而且还可能由于艉部压力过小，航行纵倾角过大，以致超过最佳纵倾角，使滑行性能反而变坏。对于实际艇体，在滑行过程中，来自艇底和两舷的高速水流，将形成艉部"鸡尾流"。采用较宽的艉部可适当减小航行纵倾角，改善艉部流动。

7）横向斜升角

艇底横向斜升角的大小对滑行艇升力面的效率起到决定性的作用。选取合适的艇底斜升角是线型设计的关键。从原则上来讲，艇底斜升角越小，升力作用越大，滑行面效率（升阻比）越高。但过小的斜升角将导致波浪中拍击加重，使航向稳定性变差，艏部拍击导致产生严重的纵摇，故一般都设计成带有明显折角的V形剖面，V形的程度可用横向斜升角来表征。

虽然艇艉的横向斜升角减小有利于提高水动升力，使阻力减小，但也会带来其他方面的影响。具体表现在：①艇艉的横向斜升角较大，在波浪中航行易出现"叩首"现象，即艇体对纵向摇摆敏感，导致航行的纵倾角时大时小，适航性较差，同时也产生不稳定的伴流，引起波浪失速；②由于艇艉的横向斜升角趋向0°，艇体龙骨线从舯部至艉部过渡时必须要有一定纵向向上的斜升，根据平板滑行的理论，其航向稳定性较差，因此这种艇型只适合在风浪较小的内河中使用。

对于海上滑行艇，艇舯部一般为13°～23°，艉部为10°～16°；内河滑行艇由于波浪不大，艇舯部以8°～12°为宜，艉部为0°～2°。

8）方形系数

首先要考虑到方形系数对布置的影响，方形系数越大，艇体水下部分就越肥胖，对艇体内部的舱室布置越有利。当排水量不变时，增大方形系数，艇的主尺度可减小，艇体重量可减轻，造价降低。

对于高速无人艇来说，选择方形系数主要考虑其对快速性的影响，由船舶设计手册及优良船舶统计资料可以看出,方形系数的大小随着V_{design}/L_{OA}而变化,因此通过非线性回归得到方形系数的统计公式:

上限:
$$C_B = 1.073 - 0.1308 \frac{V_{\text{design}}}{L_{OA}} \tag{4-1}$$

下限:
$$C_B = 0.875 - 0.110 \frac{V_{\text{design}}}{L_{OA}} \tag{4-2}$$

式中,V_{design}为设计航速,km/h;L_{OA}为总长,m。

9)面积系数

艇底投影面积 A 与总重量之间的关系能够用比值 $A/\nabla^{2/3}$ 表达成无因次面积系数,其对滑行艇的浮态、低速航行性能及起滑有重要影响,而对滑行状态影响不大。尺度不同但几何相似的艇会产生相同的面积系数值,因此在设计新艇时,可以通过母型艇来确定新艇的艇底投影面积。若两个具有不同长宽比的艇在相等的 $A/\nabla^{2/3}$ 基础上做比较,则意味着这两种设计具有相等的艇底设计载荷。该参数可以表示滑行艇在单位面积上所受负荷的大小。该参数如果太小,则滑行艇不易起滑;如果太大,则在航行时滑行艇所受的阻力太大。

4.1.3 艇型选择

目前,水面无人艇采用的艇型主要是滑行艇,除此之外,也有采用水翼艇、多体船和气垫船方案。

1. 滑行艇

滑行艇由于其独特的船体设计,在高速行驶时能够使部分艇体脱离水面,减小水的阻力,可以在相同的功率下实现更长的续航里程,其良好的操纵性使得滑行艇能够在狭窄水域和复杂航道中灵活转向,适应多种航行条件,是目前水面无人艇应用最多的艇型方案。

2. 水翼艇

水翼艇是指在艇体下装有浸入水中水翼的艇。水翼在水中运动时,能像飞机机翼一样产生升力,当速度足够大时,产生的升力可以完全支撑整个艇体的重量,并将艇体抬离水面,从而可以大大降低艇体受到的水阻力。靠水翼升力支持艇重的水翼艇比滑行艇阻力小、兴波小、受波浪干扰影响也小,因而具有良好的快速性和适航性。

3. 多体船

多体船包括双体船和三体船等,除了快速性方面的优点,与单体船相比还有其他优势:多体船具有较大的甲板面积,与达到同样要求的单体船相比,能够降低自重和造价;多体船的稳性特别好,在静水中的横摇衰减快,致使在不规则波上的摇摆消失得快;双体船由于两个螺旋桨轴线和片体间距都比较大,因此具有良好的操纵性和机动性,而且相较于一般常规双桨单体排水型船，分别安装于两个片体中纵剖面上的推进器均处于船体伴流中，螺旋桨的工作效率更高，因此整体推进性能更好。

4. 气垫船

气垫船的航行不受水深的限制，能够在浅水、沙滩、急流、冰和沼泽等表面上高速行驶，这是排水型船无法做到的，且全垫升气垫船对支撑表面的压力以及产生的水下物理场都较小（如音响、水压、磁场等），这些"特殊能力"使得全垫升气垫船可以在很多特殊环境下完成任务。

上述四种艇型之间的特性对比如表4-1所示。

表4-1 USV主要艇型对比表

艇型	航速范围	航行原理	优点	缺点
滑行艇	20~50kn	静止时，由浮力抬升艇体；高速时由船体水动升力支撑	1. 建造工艺相对简单，易于实现，风险小； 2. 技术成熟，成本低	应用受风浪影响很大，多海况应用能力差
水翼艇	40~60kn	高速运动时由水翼所产生的水动力将艇体托离水面	1. 阻力性能优良； 2. 航行平稳； 3. 一定范围内受波浪影响较小	1. 航速超过60kn时水翼产生空泡，性能急剧恶化； 2. 操控复杂，静吃水较深； 3. 水翼容易被撞伤甚至遭到破坏
多体船	不同构型范围有区别	无论是静止还是高速运行都由浮力支撑重力	1. 高速时，阻力性能好； 2. 甲板面积大； 3. 良好的操纵性和稳性	1. 建造工艺较为复杂； 2. 双体船不利于浅水等复杂海况
气垫船	40~70kn	利用在船底和支撑表面之间形成"空气垫"使船体离开水面，通过减小与水的摩擦阻力，提高航速	1. 具有水陆两栖性； 2. 能够用于地理位置复杂，常规船舶难以达到的航线	1. 操纵复杂，成本较高； 2. 高速时稳定性差

4.1.4 能源与动力

目前USV采用的能源主要有电池和燃油，动力源主要是燃油发动机、电动机和自然能（环境能）驱动装置。

1. 电池能源

电池是许多小型无人艇的主要能源来源。采用的电池包括锂电池、燃料电池、铅酸电池等。它们可以通过充电或更换电池为USV上的设备提供能源。

锂电池相对于传统的铅酸电池、镍镉电池等，具有单体工作电压高、能量密度高、循环寿命长、无记忆效应、对环境无污染、可快速充电、工作温度范围广、维护费用低等优势，是目前综合性能最好、应用最广泛的USV电池体系。

燃料电池是一种将化学能直接转换为电能的装置，它通过氧化还原反应来实现这一过程。燃料电池具有能量转换效率高、环境友好、能量密度高、燃料范围广、可靠性高等优点，是目前最具应用前景的电池体系。但燃料电池也存在储氢技术限制、标准规范缺失、基础设施不足、电池堆芯成本等问题，限制了其大规模应用。

2. 燃油动力

燃油发动机将燃料的化学能转换成机械能，通过轴系等传递给螺旋桨等推进器，直接为 USV 提供航行所需的持续动力。

燃油发电机先将燃料化学能转换成机械能再转换成电能，生成的电能为推进器电机供电，驱动螺旋桨等工作，为 USV 提供航行所需的持续能源。

燃油动力装置按燃油类型分类，主要分为汽油机和柴油机两种，包括为 USV 提供推进动力的主机和提供电力的发电机。

汽油发动机体积小、重量轻、噪声低、易检修、启动容易、加速反应快，但是马力小、安全性差，一般主要采用外挂机形式用于小艇上。柴油发动机马力大、故障少、使用寿命长，但启动慢、加速反应慢，其动力热效率接近 50%，已成为目前应用最广的 USV 动力装置。

近年来，柴油发电机组在 USV 上的应用越来越多。除了作为常规的供电机组外，还越来越广泛地用于电力推进。由于其独特的优势，采用全电或半电力推进已成为未来 USV 的发展趋势。

3. 自然能

自然能具有显著的环保和经济优势，而且取之不竭，是未来 USV 能源技术发展的重要方向。海洋环境中，能用于 USV 的自然能主要是太阳能、风能和波浪能。

太阳能通过电池板将阳光转换为电能，供给电动推进系统或其他电子设备使用。这种能源适用于需要长时间在水面上运行并且有稳定的阳光照射的情况，其缺点是能量转换效率相对较低，受光照条件影响较大。

风能既可以直接为 USV 提供航行动力，也可以通过相应装置转换为电能，为 USV 供电。这种能源在需要长距离航行并且有适当的风条件下特别有效，其主要缺点是受到天气和地理位置的影响，可能导致能源供应不稳定，而且技术相对复杂，需要精密的控制系统和先进的工程设计来确保其稳定运行。

波浪能主要为 USV 提供航行动力，对于采用波浪能推进的 USV，其主要优点是能在多变的海面状态下保持平稳运行，恶劣海况下的适应性更强；缺点主要是推进力受限、机动性差、对海况依赖性高。

4.1.5 推进与操纵

目前 USV 常用的推进与操纵方案包括舵桨联合、多推进器组合、表面桨推进、喷水推进等。

1. 舵桨联合

舵桨联合推进系统利用螺旋桨产生的推力驱动艇体前进或后退，利用布置在螺旋桨前方或后方的舵板驱动艇体转向。由于系统简单、实现容易、成本较低，舵桨联合是海洋机器人中最常见的推进与操纵方案之一。对于单螺旋桨推进器的舵桨联合方案，由于转艇驱动力仅由舵板产生，而舵板在低航速时舵效低，因此此方案在低航速时适用性较差。

2. 多推进器组合

对于 USV 来说，多推进器组合指的是布置在艇艉的两台及以上推进器的组合，这些推进器相对于艇体固定不动，并关于艇体中纵剖面对称布置。当需要前进或后退时，多台推进器输出相同大小和方向的力，当需要转艇时，多台推进器输出大小不同的力即可，如果推力的大小和方向均不同，会获得更好的转艇机动性。这种方案同样具有系统简单、实现容易、成本较低的优势，而相比于舵桨联合方案，能耗要更高，但不受低航速影响。

3. 表面桨推进

表面桨又称为半浸桨，工作时螺旋桨部分叶片在水面以上，通常应用于高速 USV。表面桨推进系统最大的优势在于其能避免螺旋桨空泡现象的影响、附体阻力低、推进效率高、船桨匹配适应性强、浅水适应性好等。此外，由于表面桨桨轴可在垂直方向和水平方向调整，如图 4-1(a)和图 4-1(b)所示，可以实现最佳的垂直角度选择，以适应变化的海况和负荷，同时其具有更灵敏的水平面操纵性能，相较于传统螺旋桨推进器，具有更好的浅水区航行能力，如图 4-1(c)所示。

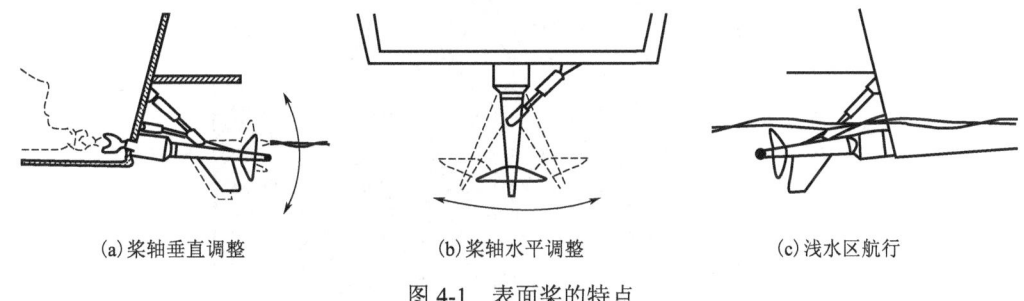

(a)桨轴垂直调整　　　(b)桨轴水平调整　　　(c)浅水区航行

图 4-1　表面桨的特点

4. 喷水推进

喷水推进器是一种新型的特种推进装置，与常见的螺旋桨推进方式不同，喷水推进的推力来源于水泵喷出水流的反作用力，通过改变喷口水流的喷射方向来实现艇体操纵。

喷水推进优点：

(1)具有卓越的高速机动性，在回转时，喷水推进装置产生的侧向力可使回转半径减小。

(2)喷水推进舱内噪声和振动较小。

(3)吃水浅、浅水效应小、附件阻力小、保护性能好。

喷水推进缺点：

(1)航速较低(<20kn)时，推进效率比普通螺旋桨低。

(2) 在水草或杂物较多的水域，进口容易出现堵塞现象而影响航速。

(3) 机械传动机构仍然比较复杂，体积庞大。由于增加了外壳体的保护，推进泵叶轮拆换比螺旋桨复杂。

(4) 航行过程中产生的空气辐射噪声较大。

(5) 缺乏一套操作灵敏、水动力学性能优异的倒车装置。

(6) 在沙砾较多的水域中浅吃水航行时，存在碎石和沙砾吸入系统损坏叶轮等部件的风险。

5. 推进系统选型

速度-功率关系是设计者和用户最关心的问题。推进系统的初始成本必须连同可靠性、维修性和运行成本一起考虑。此外，个别 USV 推进系统选择要考虑浅吃水航行和引起较低的艇上振动与噪声。

一般来说，高速 USV 倾向于选用全浸式螺旋桨、表面桨或喷水推进器。图 4-2 给出了推进器的选用与 USV 排水量和设计速度之间的关系，此图仅仅给出普遍的推进器选用倾向，没有考虑船东或使用者的特殊需求。

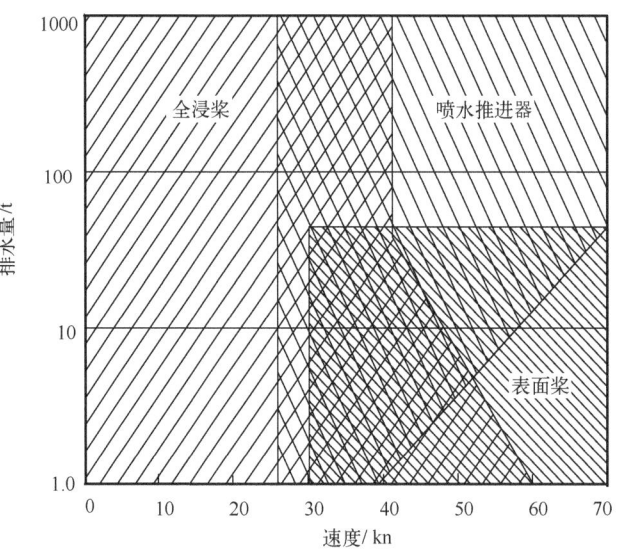

图 4-2 不同推进器选用范围

图 4-3 给出了不同推进器的效率与 USV 设计速度之间的关系。可以看到，表面桨适合那些高速运行或航行吃水受到限制的 USV，对于 50kn 以上的 USV，表面桨可能是最佳的选择。喷水推进器正在被越来越多地使用，其应用范围的扩展取代了一部分全浸桨的传统领域。当航速要求大于 25kn，USV 振动和噪声要求保持极小值或航行吃水受限时，喷水推进器最为合适。全浸桨、表面桨和喷水推进器的常规布局如图 4-4 所示。

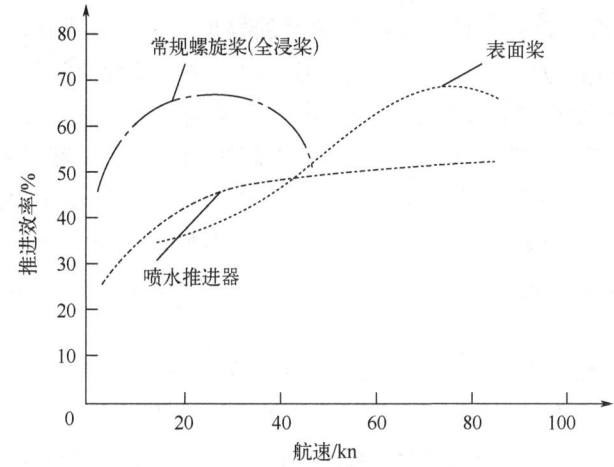

图 4-3 不同类型推进器推进效率对比图

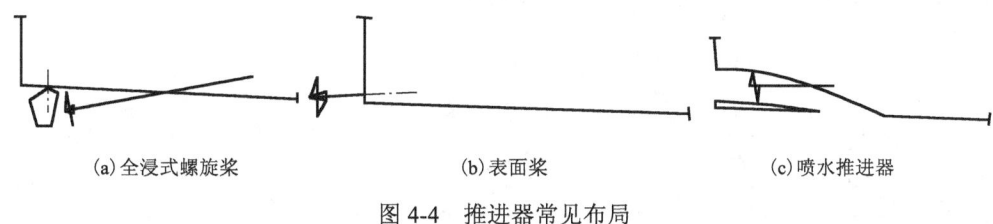

图 4-4 推进器常见布局

4.1.6 总布置设计

总布置设计是在满足运营要求、确保 USV 航行性能以及安全性能的前提条件下,合理地对 USV 的空间进行整体布局,从而详细地绘制出总布置图。USV 总布置图一般包括侧视图、各层甲板及舱底平面图以及横剖面图。总布置设计是 USV 设计中全局性的一项任务,涉及 USV 的各个方面,并且贯穿任何一艘新 USV 设计的每个阶段。总布置设计不是一项独立的设计工作,而是要统筹协调各种其他设计之间的功能需求以及矛盾的综合性工作。不同类型的 USV 由于用途及航行条件的不同,总布置的特点也有所不同。在调查研究的基础上,进行全面的分析比较后,做到合理而恰当地取舍,创造性地完成总布置设计。

总布置设计的主要工作包括以下两点。

(1) 规划 USV 主体和上层建筑,绘制外部造型。

(2) 布置 USV 舱室和设备。

在总布置设计中,除了注意各类 USV 布置上的特殊要求外,一般都应遵循下述基本原则。

(1) 满足和提高 USV 的使用效能,例如,运输型 USV 首先要合理地利用舱容,提高装卸能力,确保运输的安全性和运输能力。

(2) 保证 USV 的航行性能。总布置设计时,应采取适当的方式来确保 USV 在航行时具备较好的浮态、稳性、操纵性以及耐波性等。

(3) 满足艇体建造工艺合理性与结构连续性的要求。总布置设计应注重重量的分布，力求减小总纵弯矩和剪力，避免出现结构不连续以及纵向构件截面突变，降低应力集中带来的不利影响。各种舱壁的设置要充分考虑其对结构强度、振动以及施工的约束等。

(4) 满足法规和相关标准的要求，如 USV 消防等规定、破舱稳性对分舱的要求。

在后续的各专业详细设计后，通常都会对初步总布置设计结果提出各种调整意见，此时总布置设计工作是统筹协调各种需求矛盾，不断加以完善，此类工作一般都会延续到完工设计阶段。由此可见，总布置设计对于 USV 整体设计的最终成功与否起着至关重要的作用。

总布置图通常先做草图设计，如图 4-5 所示，在草图设计中，以反映总布置图的大体轮廓为主，只绘制出艇体、主机和发电机等；上层建筑则根据设备布置要求，只确定其外形尺寸。之后，根据草图内容计算满载和压载情况下的浮态与稳性、静水弯矩等性能，再进行校对，多次调整直至达到要求。最后，根据选择的方案及型线图的型值，进行具体详细的布置各类舱室和设备，绘制出正式的总布置图。

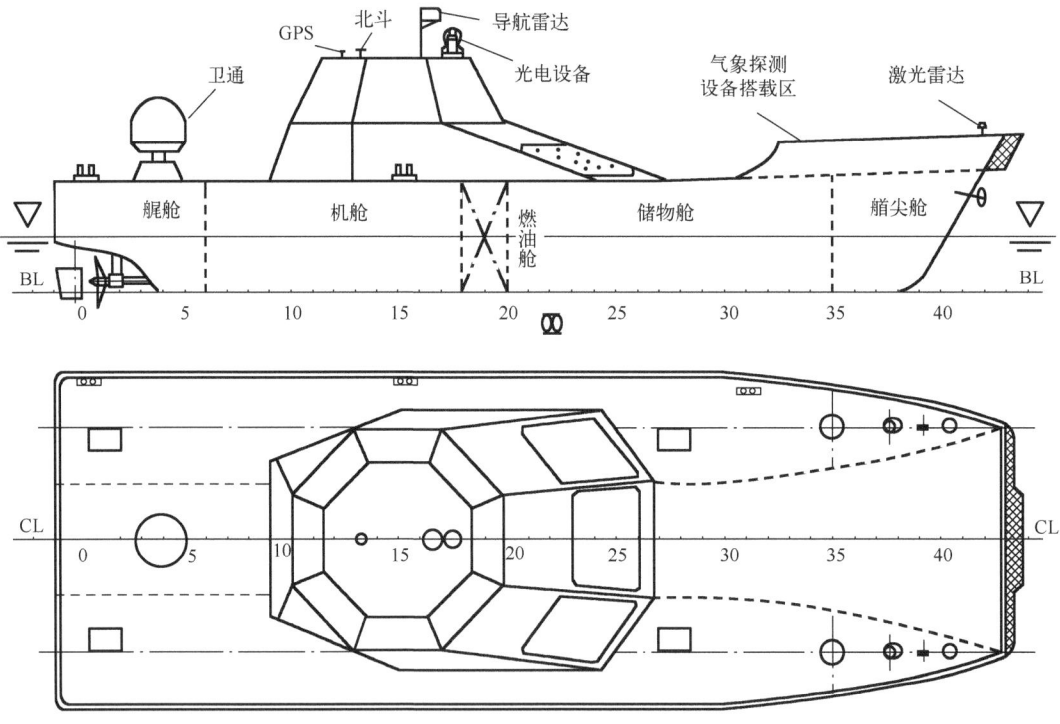

图 4-5 某海洋气象观测无人艇总布置草图

4.2 自主水下机器人方案设计

本节主要介绍自主水下机器人 (AUV) 方案设计的主要内容、一般设计步骤、所需考虑的问题及方法。

4.2.1 系统组成

具备基本使用功能的 AUV 系统分为两部分：水下 AUV 本体和水面监控子系统。AUV 本体上按功能划分，又可分为 9 个子系统，具体包括艇载控制子系统、导航与定位子系统、能源与动力子系统、推进与操纵子系统、环境感知子系统、任务载荷子系统、通信子系统、应急子系统、载体结构。

1) 艇载控制子系统

艇载控制子系统是整个 AUV 系统的核心，主要用于对 AUV 进行使命和任务规划，控制 AUV 上的推进器、舵等执行机构和探测声呐、光电探测器等任务载荷，按照要求完成航行机动、实施正确动作并完成相应的任务。艇载控制子系统由硬件和软件两部分组成。

2) 导航与定位子系统

导航与定位子系统的主要功能是为 AUV 提供位置、航向、深度、航速和姿态等信息，"告诉"AUV 自身所处的位置(绝对位置和相对位置)，以保障 AUV 安全航行、作战或作业。AUV 导航子系统主要类型包括水下惯性自主导航、水下声学定位、地球物理信息匹配导航、水面卫星导航等。其中，水下惯性自主导航与水面卫星导航的组合是 AUV 导航子系统最核心也是最常用的方案。

水下惯性自主导航的核心设备是捷联惯性器件，如光纤陀螺惯导系统、激光陀螺惯导系统等。由于惯性器件导航信息会随着时间漂移，如果没有卫星导航信息或速度信息辅助的话，导航定位偏差会随时间越来越大，因此对于水下航行的 AUV，其捷联惯性器件一般均会和声学多普勒测速仪(Doppler velocity log，DVL)一起组合使用。为进一步抑制漂移，小潜深 AUV 会浮出水面利用卫星导航设备进行位置校准，大潜深 AUV 会利用水面中继定位设备(如船端声学超短基线定位系统)或水下定位设备(如水底布置的声学长基线定位系统)进行校准。

3) 能源与动力子系统

能源与动力子系统是为 AUV 航行机动提供动力源，为控制、导航、感知、通信、任务载荷等子系统设备提供电能的各种装置的集合，是限制 AUV 作战或作业性能的主要因素之一。对于主要采用电动推进器的 AUV，能源与动力子系统设备主要是各种储能的电池(含电池管理系统)和发电装置。

4) 推进与操纵子系统

推进与操纵子系统是为 AUV 前进、后退、转舵、潜浮、悬停等机动提供驱动力的各种装置的集合，用于保证 AUV 按照指令完成航向、深度和速度的改变和保持，主要由各种形式的推进器和舵翼组成，通过特定搭载数量和布置方式来实现相应操纵功能。

5) 环境感知子系统

环境感知子系统的功能是获取 AUV 外部环境信息，经处理分析后发送给 AUV 艇载控制子系统进行判断，保证 AUV 处于水中安全航行状态。环境信息包括距水面的深度、距水底的高度以及是否有障碍物、障碍物状态、尺度、距离等。在有些 AUV 子系统划分中，也将环境感知子系统合并入艇载控制系统中。

6) 任务载荷子系统

任务载荷是指为满足 AUV 使命任务、实现作战或作业功能而配置的水声、电子和光学等设备及武器等。AUV 使命任务不同，对任务载荷的功能和性能要求不同，对载荷的类别和数量要求也不同。一个使命任务可同时配置多种任务载荷，一种任务载荷可支持完成多个使命任务。

AUV 常用的任务载荷主要有用于地貌测量的侧扫声呐、中高频合成孔径声呐，用于地形测量的多波束测深声呐，用于水底掩埋物测量的浅地层剖面仪、低频合成孔径声呐，用于抵近精细观测与测量的水下摄像机、激光扫描仪，用于水体信息调查的温盐深传感器、流速剖面仪等。

7) 通信子系统

通信子系统主要用于 AUV 与水面监控系统、AUV 与水下其他潜水器或平台（如 AUV、载人潜水器、水底基站等）、AUV 与水面其他平台（如无人艇、有人船等）的通信，实现信息的双向传输，可分为水下通信和水面通信两类。水下通信手段主要是水声通信，除此之外，还有激光通信、电磁通信；水面通信手段主要包括近距离的无线以太网、中距离的射频通信（无线电通信）、远距离的卫星通信等。

8) 应急子系统

应急子系统的功能主要是使已经或即将处于危险状态的 AUV 脱困，采取的手段主要包括主动自救、被动自救和应急示位。

9) 载体结构

载体结构是 AUV 的"躯干"。载体外表面直接与海洋环境接触，其形态决定了 AUV 的阻力性能。内部结构用于安装和布置所有子系统与设备，并为其提供安全、可靠、适宜的工作环境。

10) 水面监控子系统

水面监控子系统布置在船端或岸基，主要作用是通过水面/水下通信、定位手段，监视 AUV 位置，获得 AUV 采集的数据及反馈回来的状态信息，向 AUV 发送控制及任务指令等，其核心是安装有监控软件的监控计算机，在其基础上配备水面端通信和定位设备等。

4.2.2 艇型选择

AUV 艇型是指其最外层壳体包络线呈现的形状。

1. AUV 艇型分类

根据 AUV 艇体横截面形状差异，可将 AUV 艇型分为回转体、立扁体、扁平体等。

回转体艇型是指艇体横截面为圆形的艇型，根据沿长度方向形状差异，又可分为水滴形、带有平行中体的鱼雷形和层流体形等。

立扁体艇型是指 AUV 艇体高度明显大于宽度（高宽比一般超过 1.5）且横截面为流线型的艇型。如果艇体高度明显大于长度，则可称为高立扁体；如果高度明显小于长度，则称为矮立扁体。

扁平体艇型是指 AUV 艇体宽度明显大于高度且横截面为流线型的艇型。

除上述艇型外，还有一种艇体横截面为矩形的艇型，称为矩形截面艇型。

艇型的选择要考虑以下原则和要求：①阻力小，航行性能好；②便于总布置；③测试、维护方便；④足够的强度；⑤良好的工艺性。

由 3.2.7 节的内容可知，带有平行中体的鱼雷形艇体性能相对更均衡，因此是采用最多的艇型方案。单纯从阻力性能角度，水滴形艇体最理想，但综合考虑加工、总布置等角度不及鱼雷形艇体，因此使用相对较少。层流型艇体虽然纵向阻力性能较优，但为保证表面层流流动状态，对加工工艺和使用工况要求较高，目前应用很少。

立扁体艇型由于具有较好的垂直面阻力性能、水平面阻力性能和运动稳定性，目前多应用于大潜深 AUV 的艇型方案中。

扁平体艇型具有较好的水平面阻力性能和垂直面航行稳定性，且高度低，便于装配及搭载。但由于变深能力差(深度机动性弱)，多用于小潜深 AUV 和对搭载能力要求较高的大型 AUV。

矩形截面艇型由于内部有效搭载空间大、总布置方便、易于测试和维护、加工更简单，在大型和超大型 AUV 中应用较多。

2. 鱼雷形 AUV 艇型公式

对于常用的鱼雷形艇体 AUV，可应用 Myring 艇型公式和 Nystrom 艇型公式进行设计。

1) Myring 艇型

Myring 艇型及相关参数如图 4-6 所示，式(4-3)与式(4-4)为 Myring 艇型进流段和去流段公式(Myring, 1976)。

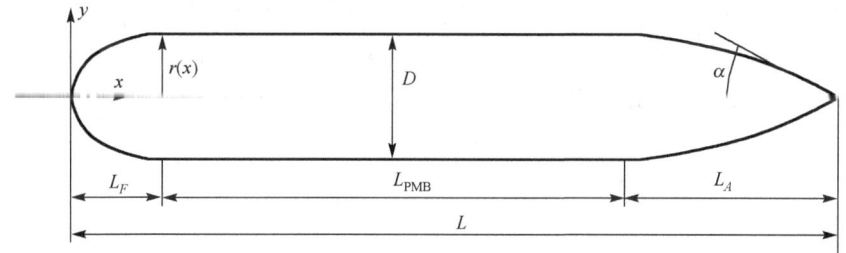

图 4-6 Myring 艇型参数示意图

进流段：
$$r(x) = \frac{1}{2}D \cdot \left[1 - \left(\frac{x - L_F}{L_F}\right)^2\right]^{\frac{1}{n_f}} \tag{4-3}$$

去流段：
$$r(x) = \frac{1}{2}D - \left[\frac{3D}{2(L - L_F - L_{PBM})^2} - \frac{\tan\alpha}{L - L_F - L_{PBM}}\right](x - L_F - L_{PBM})^2 \\ + \left[\frac{D}{(L - L_F - L_{PBM})^3} - \frac{\tan\alpha}{(L - L_F - L_{PBM})^2}\right](x - L_F - L_{PBM})^3 \tag{4-4}$$

式中，n_f 为进流段形状系数；L_F 为艇体进流段(艏段)长度；L_{PBM} 为艇体平行中体长度；

L 为艇长；D 为平行中体处艇体直径；α 为半尾锥角。

2) Nystrom 艇型

Nystrom 艇型及相关参数如图 4-7 所示，式 (4-5) 与式 (4-6) 为 Nystrom 艇型进流段和去流段公式 (朱继懋，1992)。

进流段：
$$y_f = \frac{D}{2}\left[1-\left(\frac{x_f}{L_F}\right)^{n_f}\right]^{\frac{1}{n_f}} \tag{4-5}$$

去流段：
$$y_a = \frac{D}{2}\left[1-\left(\frac{x_a}{L_A}\right)^{n_a}\right] \tag{4-6}$$

式中，n_f 和 n_a 分别为进流段和去流段形状系数，表征形状饱满度；L_A 为艇体去流段 (艉段) 长度。

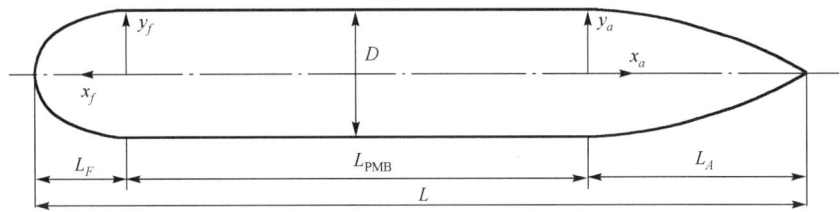

图 4-7 Nystrom 艇型参数示意图

4.2.3 排水量及主尺度估算

所设计的 AUV 的排水量和主尺度，主要取决于任务要求和设计约束 (航程、航速、潜深，以及主尺度、排水量等)。由于无法在排水量、主尺度与任务要求和约束之间建立精确的函数关系，故主要采用母型法和逐渐近似法进行往复迭代求解。以任务需求为目标，以重量等于浮力且重量最小为约束，通过不断迭代，最终获得满足任务要求的 AUV 主尺度。

1) 母型法

该方法选用能够满足大部分技术任务书要求的现有 AUV 作为母型，利用型线、结构、部件、重量指数、各种经验系数等方面的对比资料，通过采用各种公式和换算系数使问题的解法得到简化。由母型法设计的主尺度主要满足式 (4-7) 的近似要求：

$$\eta \approx \frac{(V_{\text{form}})_{\text{母型}}^{1/3}}{(V_{\text{form}})_{\text{设计}}^{1/3}} \approx \frac{L_{\text{母型}}}{L_{\text{设计}}} \approx \frac{B_{\text{母型}}}{B_{\text{设计}}} \approx \frac{H_{\text{母型}}}{H_{\text{设计}}} \tag{4-7}$$

式中，V_{form}、L、B、H 分别为 AUV 主艇体的型排水体积、型长、型宽和型高。

"母型" 这一名词，不仅可理解为实际存在的 AUV，而且也可理解为设计文件、总布置图、主要性能、计算载荷和说明书等。如果所设计的 AUV 只是某些性能不同于它的母型，如所要设计的 AUV 只是航速与下潜深度和母型不同，那么可保留母型的设备形式与组成，只需重新计算动力装置的功率、推进器和耐压壳体的强度，以及相应补充和改进局部构件或设备,从而显著地简化 AUV 的设计。

2) 逐渐近似法

逐渐近似法是 AUV 设计中最常用的方法,通常是在缺少母型或者设计中缺少必要的原始资料的情况下采用。由于缺乏具体资料,设计人员在设计初始阶段不能准确地确定 AUV 的重量、排水体积和其他一些未知性能。另外,对于 AUV 与其使用环境之间的关系以及 AUV 各性能参数之间的关系来说,虽然存在具体的数学表达形式,但是某些性能指标(如使用操作、经济效益、机动性、释放回收等)很难用数学关系式表述,因此对一些不确定性问题采用逐渐近似法求解就是十分必要的。在设计初期,可在已知参数与未知参数并存的方程公式中引用一些暂定的参数。如按经验公式计算推进功率时,就要采用 AUV 运动阻力系数与排水量的暂定值,因为这些数值需要在 AUV 设计完成时才能准确确定,甚至还要通过模型试验确定,而求出的推进功率暂定值只适用于近似地确定动力装置重量和整个 AUV 重量,当然这些也取决于耐压壳体直径与材料及其他一些参数。

4.2.4 能源与动力

能源与动力系统的核心功能是为 AUV 上所有设备提供能量源,因此更准确的说法应该是"能源系统"。采用"能源与动力"的说法,主要是为了与传统水面船、潜艇以及无人艇的说法保持一致。传统船舶将煤炭、燃油等燃料(能源)存储的能量通过某种形式转换为动能,大部分动能通过轴系直接驱动螺旋桨使船航行——产生动力,小部分通过发电机转换为电能再向其他设备供电,能量产生装置和驱动螺旋桨转动的动力装置在机械上是连成一体的。而对于 AUV 或部分现代船舶,主要采用电动机直接驱动螺旋桨的航行推进模式,电动机所需能源,要么直接来自储能装置(如电池),要么直接来自电能生成装置(如柴油发电机),电动机与二者仅通过电缆连接,而与螺旋桨直接机械连接,因此通常将电动机视为推进系统的一部分,即 AUV "能源与动力系统"仅有能源装置(电能储存装置或/和电能生成装置),没有动力装置,称为"能源系统"更合理,本节中二者指代的意思相同。

1. AUV 能源

AUV 应用的能源主要来自各种电池,包括早期的铅酸电池、银锌电池、镍基电池,以及现在应用占比非常高的锂电池,还有发展潜力巨大的燃料电池,除此之外,还有部分 AUV 采用封闭循环柴油机、小型核动力装置、太阳能等,这些能量生成装置在使用时必须与电池配合。

铅酸电池、银锌电池、镍基电池相比于锂电池由于不同程度地存在能量密度低、污染大、成本高等问题,因此目前几乎不再使用。

1) 锂电池

锂电池是目前综合性能最好的电池体系。由于锂电池不含贵重金属、原材料便宜、降价空间很大,目前也是性价比最高的电池。与其他二次电池相比,锂电池具有如下突出的优点。

(1) 工作电压高。锂电池的工作电压为 3.6V,是镍镉和镍氢电池工作电压的 3 倍。

(2) 能量密度高。已投放市场的半固态锂电池电芯放电能量密度目前已达 360W·h/kg，远超其他二次电池。

(3) 循环寿命长。锂电池循环寿命已达 1000 次以上，在低放电深度(depth of discharge，DOD)下可达几万次，超过了其他几种二次电池。

(4) 无记忆效应。锂电池可以根据要求随时充电，而不会降低电池性能。

(5) 对环境无污染。锂电池中不存在有害物质，是名副其实的"绿色电池"。

(6) 可快速充电。锂电池的充电特性与铅酸电池相比，在前一阶段较好，在后一阶段较差。其在 1h 内可以充满 80%的电池电量，2h 内可充满 97%的电池电量。锂／氧化钴电池可在 6h 内完全充电，而银锌电池，制造商推荐的充电时间为 30h。

(7) 工作温度范围广。锂电池可在 –20～60℃的范围内正常工作。

(8) 维护费用低。

锂电池的主要缺点：造价偏高，安全性还有待进一步提高。

由于锂离子突出的性能优势，其在 AUV 中得到了广泛应用，目前国内外 AUV 绝大部分均采用锂电池作为能源，如美国的 Bluefin 系列、REMUS 系列和挪威的 HUGIN 系列等。

2) 燃料电池

燃料电池是一种把燃料所具有的化学能直接转换成电能的化学装置。它是以氢气为燃料，氧气作为氧化剂，直接将贮存在燃料和氧化剂中的化学能等温、高效(能量转换率可高达 60%～70%)、环境友好地转换为电能的发电装置。与其他类型的化学电池相比，燃料电池有着以下突出的优势。

(1) 能量转换效率高。燃料电池效率高达 50%～60%，通过对余热的二次利用，总效率可高达 80%～85%，是普通内燃机的 2～3 倍。

(2) 无污染。燃料电池可实现零排放。电池工作过程的唯一产物是水。

(3) 效率随输出变化的特性好。燃料电池部分功率下的运行效率可达 60%，短时过载能力可达到 200%的额定功率。

(4) 运行噪声低，可靠性高。燃料电池无机械运动部件，工作时仅有气体和水的流动。

(5) 燃料(氢气)来源广泛，可再生。氢是世界上最多的元素，可再生，并且制备方法多样，可通过石油、甲醇等重整制氢，也可通过电解水、生物制氢等方法获取氢气。

(6) 环境适应性强。

燃料电池功率密度高、过载能力强、可不依赖空气，因此可两栖使用，适应多种环境及气候条件。

虽然燃料电池存在诸多优点，但其用于 AUV 时也存在以下诸多不足和挑战。

(1) 相较于锂电池，燃料电池系统非常复杂，除发电装置外，还必须有燃料及氧化剂的存储和输送系统、控制管理系统等，在中小型 AUV 平台上搭载效率很低。

(2) 燃料(氢气)和氧化剂的存储与使用存在较大的安全风险，如何安全高效地存储氢气和氧气是关键技术难题，尤其对于大潜深 AUV 平台来说，需要着重考虑体积、重量和安全性。

(3) 成本高。氢气或液氢存储设备成本高，采用其他氢化物又会带来能量密度的降低。

(4)水下环境适应性存在挑战。在水下密闭空间中,燃料电池要稳定运行,需面临静水压力、腐蚀、冷凝水等问题。

上述因素限制了氢氧燃料电池在 AUV 上的推广和使用。但随着技术不断进步,上述问题一旦妥善解决,氢氧燃料电池必将在 AUV 技术领域发挥巨大作用,是目前 AUV 最有发展前途的能源之一。

3) 小型核动力装置

小型核动力装置水下续航力长、隐蔽性好、可达航速高、技术成熟,是最有发展前途的一种水下动力装置之一。其搭载到 AUV 上有以下优势。

(1)满足 AUV 的机动性和水下续航力等要求,可以为全航程提供足够的能源,不受下潜深度和潜伏时间的限制,且暴露率为零。

(2)固有安全性好,事故发生概率低,自然循环能力强。

(3)核燃料的一次装料可在满功率下运行一年以上,中间不需要添加燃料。

虽然小型核动力装置具有以上优点,但仍存在明显不足。

(1)装备建造费用远高于其他 AIP 系统方案。

(2)日常使用中存在潜在的核辐射风险。

(3)退役处理比普通 AUV 复杂,需进行乏燃料及有关设备的后处理。

目前,已知仅有俄罗斯宣布成功研制了采用小型核动力装置的 AUV。

随着科学技术的不断发展,人类在海底活动的范围和规模会越来越大,因此对深海 AUV 的下潜深度和续航力等方面的要求也会越来越高。由于核动力的一些固有特性,在 AUV 上装备小型核动力装置是一种很有发展前途的技术方案。

4) 柴油机

众所周知,柴油机在陆地上得到了广泛的应用,相对于锂电池,其具有能量和功率密度高、燃油原料便宜、运行成本低、可靠性高的特点。美国于 2022 年下水开始测试的超大型 AUV "虎鲸"(Orca)即采用了柴油机-锂电池的组合能源系统:水下航行时,采用电池电力推进;电量不足时,AUV 浮出水面,利用柴油机发电来给电池组充电。"虎鲸"水下最大航速为 8kn,经济航速为 3kn,充满一次电可潜航约 280km,可连续在海上作业数个月,航程超过 12000km。但相对于锂电池,柴油机系统复杂得多、满足最低要求的基本尺寸大、需要有持续的空气/氧气,因此难以在中小尺度 AUV 平台上搭载使用。

2. 锂电池能源

目前 AUV 大多采用锂电池作为其能源,包括一次锂电池和二次(可充电)锂电池。一次锂电池相较于二次锂电池具有更大的能量密度,且存储过程中不需要维护,但电量耗尽就要抛弃,全寿命使用成本比较高,更适合一次性载具使用,表 4-2 所示为几种典型的一次锂电池及其主要性能参数。二次锂电池虽然初次采购成本高,但可多次循环使用,对于执行重复性任务的载具非常划算,表 4-3 所示为几种典型的二次锂电池及其主要性能参数。当前,绝大部分 AUV 使用二次锂电池,以降低全寿命成本。而少部分用于执行高耗能、长续航、高风险任务的 AUV,或对存储维护比较敏感的领域使用的 AUV 一般采用一次电池。

表 4-2　几种典型的一次锂电池性能对比

主要参数	电池正极体系				
	Li/MnO$_2$	Li/SO$_2$	Li/SOCl	Li/CF$_x$ (F$_1$)	Li/CF$_x$-MnO$_2$
质量能量密度/(W·h/kg)	150~330	150~315	220~560	260~780	784
体积能量密度/(W·h/L)	300~710	230~530	700~1041	440~1478	1039
功率容量/(W/kg)	250~400	100~230	100~210	50~80	165
工作温度范围/℃	−20~60	−55~70	−55~150	−20~130	−40~90
存储寿命/年	5~10	10	15~20	15	10

表 4-3　几种典型的二次锂电池性能对比

主要参数	三元锂电池	磷酸铁锂	半固态锂电池
标称电压/V	3.6~3.7	3.2	3.8
质量能量密度/(W·h/kg)	180~270	120~180	300~400
体积能量密度/(W·h/L)	360~750	320~350	—
循环寿命/次	>500	>500	>1500

为保证电池能够安全而高效地工作，还需要为电池配备专用的管理系统(battery management system，BMS)。BMS 的主要功能如下。

(1) 电池状态监测，主要是对电池系统的电压、电流、温度等数据进行采集并监测，这是电池管理的一个最基本的功能，其他功能都是以此为基础进行交互。

(2) 电池状态分析，包括电池电量评估和健康状态评估。

(3) 电池安全保护，一般包括过流保护、过充过放保护、过温保护等。如果系统监测到电池出现过流、过充过放以及过温的异常，会及时采取措施，如切断回路、发出警告等。

(4) 能量控制管理，主要包含充电控制管理、放电控制管理、电池均衡管理等。

(5) 电池信息管理，主要指电池系统内部信息数据交互、向外传递电池系统内部信息和数据、电池历史信息储存等。

电池管理系统一般采用分布式的系统结构，由检测模块和采集模块组成。每个电池模块由一块采集电路板进行数据采集，整个电池组共用一个检测模块。检测模块可通过 CAN 总线接收采集电路模块上传的电池数据，并对数据进行集中分析和处理，判断当前电池的故障，进行电池的预警和报警。同时，主控模块还完成电池组总电压和工作电流的测量。采集模块的主要功能是采集电池组的单串电压和温度检测点的温度，将采集数据通过 CAN 总线上传至监测模块单元。

AUV 主要用电设备包括推进电机、舵机等执行机构和主控系统、任务载荷等设备和传感器。考虑到这两类设备供电电压存在差异、电磁干扰等影响，一般将电池能源划分为动力用电电池和设备用电电池两部分。

AUV 电池主要技术参数包括总能量、最大输出功率、额定输出电压、最大输出电流。电池总能量主要取决于 AUV 续航力指标，最大输出功率取决于正常工况下设备最大用电功率要求，而额定输出电压和电流要综合考虑设备最大用电功率、线缆及接插件最大过流能力等因素。

AUV 电池选择的主要原则：①能量密度高、功率密度高；②生命周期长；③适应性强；④安全性和可靠性高；⑤成本低。

4.2.5 推进与操纵

推进与操纵系统是为 AUV 前进、后退、转艏、潜浮、悬停等机动提供驱动力的各种装置的集合，用于保证 AUV 按照指令完成航向、深度和航速的改变与保持，主要包括各种形式的推进器、舵翼等。

1. AUV 推进

1) 单轴开放式螺旋桨推进器

目前 AUV 大多采用轴对称艇体轴线上配置单个普通螺旋桨的推进方式，如图 4-8 所示。这种布置可以使用最佳的低转速、大直径螺旋桨，推进效率更高。

AUV 螺旋桨的设计与水面船非常相似，相关资料有很多，本书不再详细展开。然而，AUV 螺旋桨与水面船相比有个根本区别，即由于 AUV 在深水中航行，不产生波浪力，其阻力几乎与航速的平方成正比。这会导致无论 AUV 航速为多少，螺旋桨的进速系数几乎是恒定的。

螺旋桨的主要参数包括叶片数、直径、螺距、转速和桨叶叶片面积。

AUV 螺旋桨设计的第一步是选择螺旋桨叶片数。

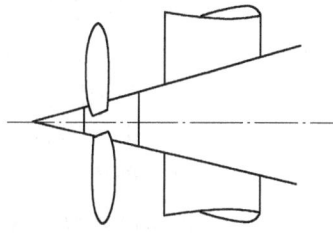

图 4-8 单轴螺旋桨 AUV

对于十字形艉舵方案 AUV，艉部区域圆周方向存在 4 处流动减少区域。因此，四叶螺旋桨的所有叶片将同时受到减速流动影响，导致产生相当大的振动，不仅削弱桨的强度，也会产生较大的噪声，会对声学设备产生不利影响，同时也会降低军用 AUV 隐蔽性。因此，十字形艉舵方案 AUV 应避免选用四叶桨或叶片数为 4 的倍数。

对于 X 形艉舵方案 AUV，由于艇体背脊经常布置声呐、天线等附体，AUV 艉部圆周方向存在 5 处减速流动区域，因此应避免选用五叶桨或叶片数为 5 的倍数。

从控制噪声角度来看，理想情况下，应选择尽可能多的叶片数且为质数，以避免可能的谐波。然而，高叶片数存在实际加工问题，因此通常用七叶螺旋桨。

接下来选择直径。对于仅在艇体轴线布置单个螺旋桨的 AUV，设计螺旋桨时，其直径不受总布置限制。从提高螺旋自身效率角度来看，直径越大越好。但是，过大的直径会使螺旋桨超出尾流区，进而降低推进器综合推进效率(Burcher et al., 1998)。当螺旋桨与 AUV 最大直径比为 0.4~0.7、全尾锥角(两倍的半尾锥角)为 20°~50°时，AUV 船身效率可超过 1.2，螺旋桨相对旋转效率可达约 1.05，即将螺旋桨布置在 AUV 后方比在敞水条件下效率更高(Renilson, 2018)。

螺旋桨叶片数和直径范围确定后，可从现有螺旋桨系列中选择最佳螺旋桨直径，然后根据该螺旋桨系列确定螺距及叶片面积等参数。

2) 单导管螺旋桨推进器

AUV 推进器除常规的开放式螺旋桨推进器外，另一种比较常用的推进器是导管螺旋桨推进器。导管推进器是指在螺旋桨外面罩一个经专门设计的套筒或导管，显而易见的作用是可以使螺旋桨免受水面垃圾或浮冰的损伤。然而，导管的作用远非如此。

对于开放式螺旋桨，桨叶尖端不能产生很大的推力或升力，原因主要是桨叶前后压力差使水流从桨叶末端溢出，流动发生旋转，导致下游出现"翼尖涡流(也称梢涡)"。由于梢涡核心区压力非常低，当螺旋桨在近水面工作时，还会出现空化现象，这不仅对螺旋桨结构强度不利，也会产生噪声。如果在桨叶外缘罩一个导管，并使桨叶尖端与导管内壁间隙很小，螺旋桨在这种情况下运行时可以维持住叶片两面间的压力差，即相对于开放式螺旋桨，这种经过特殊设计的导管可以提高螺旋桨的推力。与开放式螺旋桨推进器相比，相同推力需求下，可以选用直径更小的导管推进器。选用小直径导管推进器还能充分利用尾流效应，提高船身效率，从而进一步提升推进系统综合推进效率。为进一步提高推力，可以将导管设计成能使进入螺旋桨水流加速的形式，这样导管本身也会产生额外推力，既可以减小相同推力需求下的桨叶负载，也可提供比开放式螺旋桨更高的效率。

3) 单泵喷推进器

泵喷推进器可以看作特殊的导管推进器。推进器喷管(导管)内布置有两组或多组叶片，这些叶片可以是旋转的(转子)也可以是静止的(定子)。泵喷推进器设计的其中一个目标是利用定子来消除转子导致的旋转流动。这种存在于单个螺旋桨后方的旋转流动，代表了水动力损失，因为能量有一部分被用于使水流旋转而没有用于推动航行器前进，从而降低了螺旋桨效率。

泵喷推进器可以设计成定子在转子之后(后置定子)或在转子之前(前置定子)两种形式，如图4-9所示。后置定子泵喷推进器需要在转子前方增加额外的支柱以支撑管道，如图4-9(a)所示。

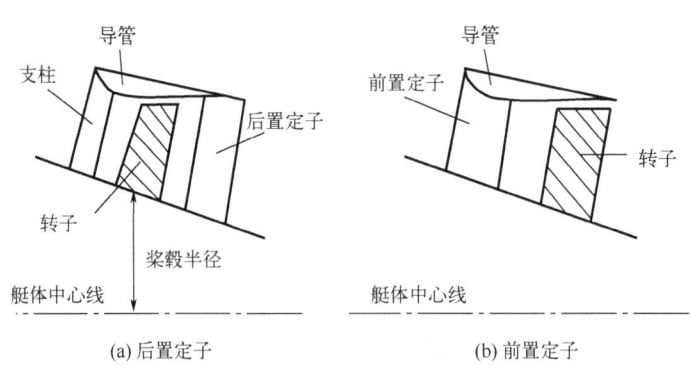

(a) 后置定子　　　　　　　　　　(b) 前置定子

图4-9　后置和前置定子泵喷推进器示意图(流动方向从左到右)

后置定子泵喷推进的定子可以贡献推进器总推力的25%左右，不仅推进效率高，还可减小转子的要求负载，进而降低转子产生空泡的可能性。此外，导管可以设计为转子处横截面积大、入口和出口处横截面积小的形式，以降低转子处水流速度、提高压力，有助于控制高速航行时空泡的发生。但由于转子直接在附体(尾翼、突出于艇体表面声呐等)尾流中运行，这会导致在叶片转动频率处产生窄带辐射噪声，而这个噪声可能会非常明显(Clarke, 1988)。

对于前置定子泵喷推进器，定子会产生阻力，相比于后置定子泵喷推进器推进效率要低。但前置的定子可以过滤附体尾流，使其在到达转子之前变得更加安静。同时，由于水流通过前置定子时速度会减小，如果 AUV 所处深度不会引起螺旋桨空泡的发生，那么前置定子泵喷推进器会比后置定子泵喷推进器更加安静。

由于前置定子泵喷推进器噪声水平更低，而后置定子泵喷推进器的推进效率更高，实际使用时可根据具体应用场景及任务要求来选择。为获得更均衡的性能，也可将泵喷推进器设计成带两排定子的形式，即转子前后各一排定子。

泵喷推进器中，无论是定子还是转子，叶片数量一般都较多，且为了避免谐波，叶片数均为质数。需要强调的一点是，无论是定子还是转子，多排叶片数不能相同。

尽管直径较小，但由于包含了更多的部件，如导流罩、定子等，泵喷推进器通常会比等效的开放式螺旋桨推进器重得多。而且，泵喷推进器上的叶片通常是单独制造并连接到桨毂上的，使得其比固定螺距螺旋桨需要更复杂的桨毂，意味着桨毂可能需要更大的直径。因此，与传统螺旋桨推进器相比，为了适应艇体型线，需要将泵喷推进器安装在艇体更靠前的位置，那里艇体直径更大，这样还能解决重量太大带来的重浮心调整难题。

影响转子空泡性能的主要参数是叶片面积。叶片面积过小将导致叶片承受过大负载，空泡性能会较差。如果泵喷推进器直径较小，则很难提供足够的叶片面积，因此所需的叶片面积对空泡性能所需的泵喷推进器直径有很大影响。

泵喷推进器另一个重要参数是转子叶梢速度。较高的叶梢速度将增加梢涡空化的可能性，而梢涡空化通常是影响空泡初生速度的空化类型。对于给定的推进器转速，较大的直径将导致较高的转子叶梢速度。较低的推进器转速将改善空泡和声学性能，但为了获得足够推力，需要较大直径的泵喷推进器。因此，转速和直径的选择需要在空泡和声学性能之间进行权衡。

不同的导管设计，可以加速或减速流体通过其中。两种极端短管形状如图 4-10 所示。对于加速导管，入口处的横截面面积大于出口处的横截面面积；而对于减速导流罩，入口处的面积小于出口处的面积。对于采用加速导管方案的泵喷推进器，其导管实际上可以为正推力做出贡献，即能够提高转子/导管组合推进效率，但此时转子叶片上的水流速度将会增加进而导致较低的压力，因此会降低空泡性能；减速导管会降低叶片上的水流速度，增加压力，因此可以带来更好的空泡性能，然而这种导管会增加阻力，导致转子需要提供更大的推力，降低了推进效率。

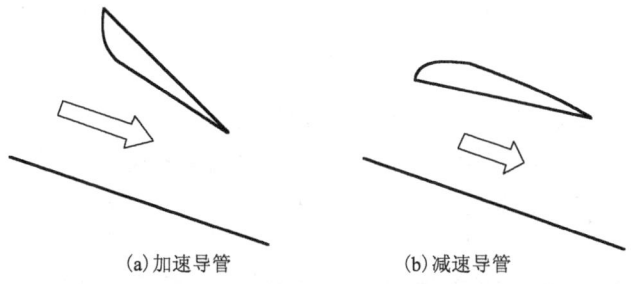

(a) 加速导管　　　　　　(b) 减速导管

图 4-10　加速和减速导流罩示意图（流动方向从左到右）

4) 串列对转螺旋桨推进器

单个开放式螺旋桨在产生推力的同时会带动桨后流体发生旋转或涡流而损失能量，

同时，安装在轴对称艇体上的效率相对更高的较大直径螺旋桨在工作时，会带给艇体一个反向扭矩。回收涡流能量损失和平衡扭矩的一种方法是使用同轴串列对转螺旋桨。后面的螺旋桨回收了部分前面螺旋桨损失的流体旋转能量，因此相对于单个螺旋桨可以获得更高的推进器效率。同时，两个螺旋桨旋转方向相反，可抵消扭矩反作用。由于对转桨将负荷分散到两个螺旋桨上，因此叶片载荷降低，空化现象会减少，此外，螺旋桨的转速和(或)直径也可以减小，可进一步改善空泡性能。然而，同轴轴系及其轴承、轴/电机承压密封和驱动两个轴的电机内布置的设计具有相当大的复杂性。

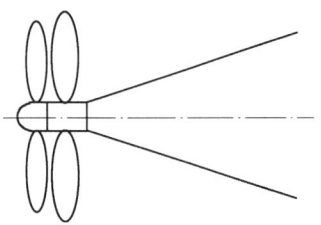

图 4-11　串列对转螺旋桨推进器

对转螺旋桨推进器在鱼雷上较为常见，如图 4-11 所示，但现代鱼雷逐渐采用泵喷推进器。用于 AUV 上的对转螺旋桨相对较少，主要出现在一些航速要求较高的应用场景。

5) 双/多螺旋推进器

采用大直径单螺旋桨的推进器方案可以获得 70%～80%的综合推进效率，而双推进器方案的推进效率仅为 60%左右(Burcher et al., 1998)。这是由于受与艇体之间间隙的限制，螺旋桨直径较小，同时，当螺旋桨布置在艇体侧面或上下时，会受到不均匀尾流影响，这些因素都会导致推进系统整体推进效率降低。

但是，仅采用单台推进器，一旦出现问题，整个 AUV 就会失去推进能力。因此，从总体设计角度考虑，有些情况下可以损失一部分推进效率，从而采用双推进器(图 4-12)或多推进器布置方案来提高推进系统的冗余。而且，对于轴对称艇体，采用关于艇体纵轴对称布置的偶数对转推进器，可以抵消单螺旋工作带来的反向扭矩，对于保持 AUV 航行姿态稳定具有实际意义。

(a) 与艇体纵轴平行布置的双螺旋桨　　　　(b) 双吊舱推进器

图 4-12　双推进器 AUV 方案

这种情况下，可以通过改变艉部形状改善尾流条件，同时可以避免脊背处较大附体引起的尾流变化对推进性能的影响。例如，当在轴对称艇体上使用双螺旋桨时，可以通过扁平化艉部来改善推进器来流，其形状近似于图 4-13 中所示。

6) 吊舱推进器

对于航速要求不高但姿态控制很重要的 AUV，可以采用小型推进器，螺旋桨驱动电机安装在可旋转的吊舱中，从而可以获得矢量推力，这种推进器称为吊舱推进器。使用时，可以将螺旋桨配置成牵引模式，即螺旋桨处于吊舱迎流段(图 4-14)，这样可以处于未受干扰的流动中。同时，可将螺旋桨轴线与来流对齐(图 4-15)，使得螺旋桨进流更加均匀。

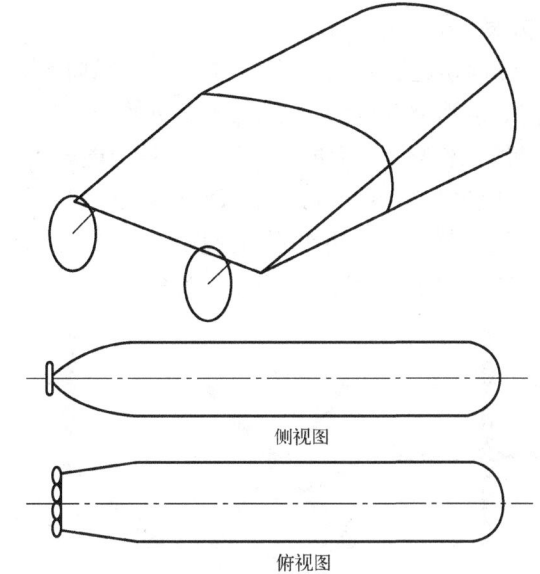

图 4-13 轴对称艇体双螺旋桨布置方案

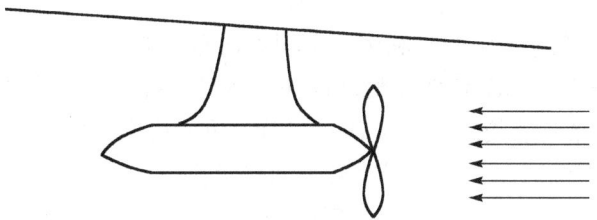

图 4-14 水面舰艇吊舱推进示意图

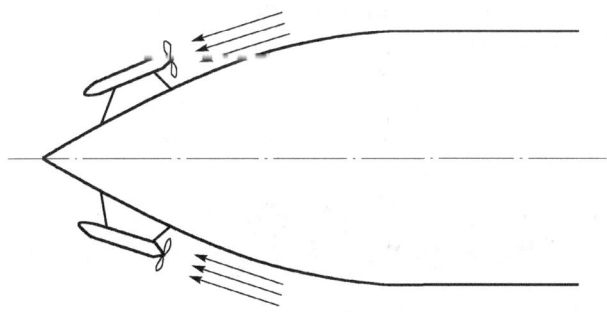

图 4-15 双吊舱推进器布局平面图

2. AUV 操纵

AUV 操纵的主要目的是使 AUV 除产生纵向运动外,还要产生转艏、纵倾、横滚、固定纵倾潜浮、固定艏向横移、悬停定位等机动动作。

根据操纵系统执行机构的差异,AUV 操纵方案主要分为三类:第一类是基于纵向推进器和舵翼组合的舵桨联合操纵方案;第二类是基于多个沿不同方向布置的固定推进器组合方案,也称为多推进器组合操纵方案;第三类是基于可转向推进器的矢量操纵方案,也称为矢量推进器操纵方案。

对于舵桨联合操纵，纵向推进器主要用于使AUV产生纵向运动速度，舵翼在有流速来流情况下会产生舵力(矩)，从而驱动AUV完成转艏、纵倾、横滚等运动。这种操纵方式由于主要是纵向推进器在持续工作耗能，而舵机在这一过程中能耗相对很低，因此更加节能，是目前很多AUV所采用的方案。但这种方式在低速下操纵效果很差，而且如果仅有艉部舵翼，则无法直接实现固定艏向横移和固定纵倾潜浮机动。目前AUV舵翼布置形式主要是"十"字形舵和X形舵，也有部分AUV采用倒Y形舵等方案，如图4-16所示。

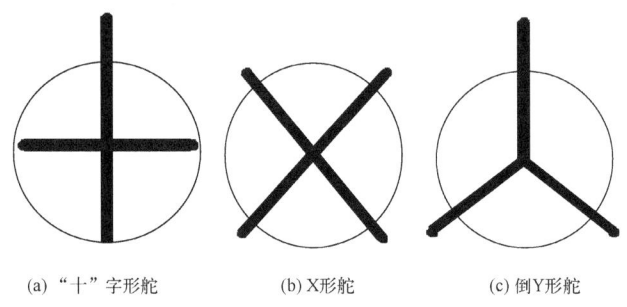

(a) "十"字形舵　　　(b) X形舵　　　(c) 倒Y形舵

图4-16　船艉视角下的不同艉部舵翼布局方案

多推进器组合操纵方案主要是利用沿不同方向布置的推进器产生的对应方向推力和/或推进器间的差动来操纵AUV实现机动动作。例如，艉部纵向推进器+艏艉侧向槽道推进器+艏艉垂向槽道推进器的组合方案(图4-17)，可利用推进器直接实现固定纵倾潜浮、固定艏向横移、悬停机动，也可利用艏艉垂向槽道推进器差动实现纵摇、利用艏艉侧向槽道推进器实现摇艏等机动。又如，艏艉多舷外推进器+艏艉垂向槽道推进器组合方案(图4-18)，通过调整艏艉多个推进器的推力方向和大小，可以实现AUV横移、摇艏，通过艏艉垂向槽道推进器可以实现无纵倾潜浮和纵摇。除上述提到的方案外，推进器的组合方式可以有多种，你还能举例哪些组合方案？

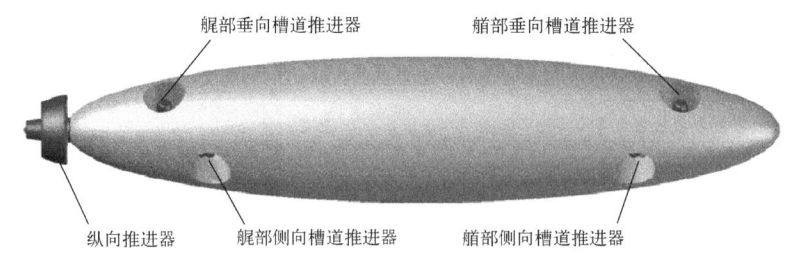

图4-17　纵向推进器+多槽道推进器方案

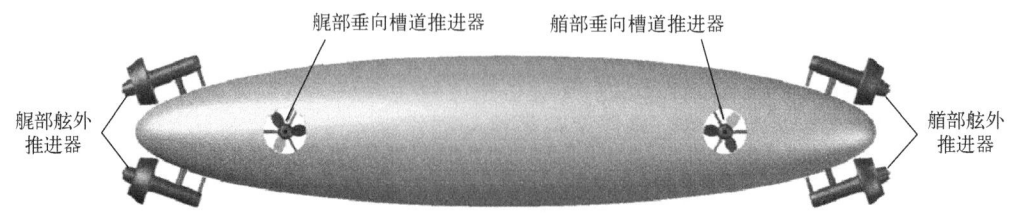

图4-18　多舷外推进器+槽道推进器方案

矢量推进器中，除了驱动螺旋桨转动的电机外，还要有驱动整个推进器转动的电机或机构，以实现推力方向的改变。吊舱推进器属于一种典型的矢量推进器。采用矢量推进器方案时，AUV 表面用于操纵的附体更少。对于艉部单矢量推进器方案，虽然与艉部舵桨联合操纵方案同属于欠驱动操纵系统，但由于其直接利用推进力驱动 AUV 机动，不受 AUV 速度的影响，操纵效率相对更高，操纵更灵活。美国的 Bluefin-21 AUV 就是一种典型的艉部单矢量推进器操纵 AUV。

3. 推进与操纵方案的选择原则

AUV 推进与操纵方案的选择主要取决于其任务要求。对于执行不同任务的 AUV，其推进与操纵方式是有差异的。AUV 执行任务时的主要作业类型是大范围巡航和局部精细观察，包括中高速巡航、低速位姿调整和水下原地悬停机动三种工作状态。

对于仅搭载大范围探测设备（如侧扫声呐、多波束测深声呐、合成孔径声呐等）执行大范围区域搜索任务的 AUV，航行速度多为 2~4kn，甚至更高。这个航速下，槽道推进器效率极低，无法满足操纵性需求，并且功耗很高；舷外额外布置推进器会增加整体阻力，且推进器功耗较高，不利于长期水下作业；而采用艉部舵桨联合操纵形式，既能保证操纵效果，又能尽可能降低 AUV 航行阻力。

对于搭载水下摄像机、高精度图像声呐、激光扫描仪等设备执行局部精细观测任务的 AUV，要具备低速位姿调整和水下悬停机动两种工作状态，此时需要 AUV 至少能实现五个自由度的运动，以抵抗海洋环境扰动（主要是海流）的影响，保证局部精细观测作业时具有良好的机动性。这种情况下，仅依靠单推进器和舵翼配合很难满足上述要求。实际应用中，通过纵向推进器提供 AUV 前进动力的同时，配备其他方向辅助推进器（垂向推进器、侧向推力器等），实现其他自由度机动。

推进与操纵装置的选择应当遵循如下原则。

(1) 满足良好的操纵性要求。

良好的操纵性能是 AUV 高质量完成任务的前提。例如，在搜索目标时，要求 AUV 能灵活地改变航向；当发现目标时，能准确地保持航向；特别是当捕捉到目标时，在航速几乎为零的情况下，能自如地调整位置和姿态。

(2) 高效的推进效率。

追求高推进效率的主要目的不是增大 AUV 的最大航速，而是最大限度地扩大续航能力，提高有效工作时间。

(3) 最小的装置体积重量。

最小化 AUV 尺寸、重量，是其设计过程中始终追求的目标。在满足任务要求前提下，推进与操纵装置尺寸重量越小，相同搭载空间和载重能力下，AUV 所搭载的能源或任务载荷就越多，AUV 续航力及任务能力就越强。

4.2.6 总布置设计

总布置设计是 AUV 设计非常重要的一个环节，其质量的优劣直接影响 AUV 的总体性能和使用，AUV 设计的成功与否往往取决于它。总布置不仅是一门科学，也是一门艺术，一般不能通过解析方法来求解，需要通过以制图为主的方式来获得比较满意的方案，因此要求设计人员要有丰富的经验。总布置设计通常要考虑以下一些因素。

(1) 最大程度地发挥各种装置和设备的技术性能，以保证 AUV 设计任务书规定的各项指标的完成，并便于使用、存放和维修。

(2) 充分考虑航行和作业时的姿态和静稳性要求。AUV 重心和浮心沿艇体轴向和横向位置尽可能接近，以保证 AUV 有足够小的初始纵倾角和横倾角；AUV 要具备一定的初稳性高，以保证 AUV 静止或航行时受扰不会倾覆，且有足够的抗扰恢复力矩。

(3) 安全可靠，充分考虑安全自救系统对总布置的要求，保证其启用时能够正常发挥作用。考虑对 AUV 耐压壳体、推进器、声呐等关键部件和设备的保护，保证当 AUV 在水下出现一般碰撞时不会轻易损伤。

(4) 布置紧凑，充分利用 AUV 各部分容积，保证各设备、部件既要便于测试和维护，又要避免相互干扰和影响。

(5) 需要有一部分备用空间，便于以后的改装和临时装载，以及维修保养。

(6) 满足 AUV 快速性和操纵性要求，如附体布置及轻外壳上设备开孔要考虑低阻力需求、推进器和舵翼的布置要考虑操纵性需求等。

(7) 舱内设备布置及布线要满足电磁兼容性要求，同时要考虑可靠性、维护性的需求，尽量做到层次分明、按功能相对独立分区等。

(8) 水声设备按其功能不同布置在艇体不同部位，但不应使其发射和接收功能受到阻碍或削弱。水声设备应尽可能远离噪声源，如推进器等。频率接近、功能不同的水声设备布置时尽可能相互远离。

4.3 海洋机器人性能估算

4.3.1 有效马力估算

如果存在与设计艇相似的母型艇，且母型艇的数据可靠，则可以通过设计艇与母型艇的某些线型特征，来确定设计船的阻力或有效功率。采用这类方法所得结果的准确性与设计艇和母型艇的相似程度有关。虽然这类方法所得结果的精确性不一定很高，但该法具有简单、方便、快速的特点，因而常常被用于比较多种设计方案的阻力性能，以及某些仅要求对设计艇阻力性能做粗略估算的情形。常用的估算法有海军部系数法和引申比较定律法。

1. 海军部系数法

海军部系数法是母型艇数据估算法中最简便常用的一种方法。其要求设计艇与母型艇在主尺度、艇型系数、型线形状以及相应速度比较接近。该方法的基础是假定设计艇与母型艇的弗劳德数 Fr 相等时，两艇的海军部系数相等。其使用要求包括：①当设计艇与母型艇的形状相近时，可近似认为艇的浸湿表面积 S_F 与排水量 Δ 的 2/3 次方成比例；②当设计艇与母型艇形状相近，大小、速度相差不多时，可认为两者雷诺数 Re 相近，两艇的摩擦阻力系数 C_f 近似相等；③当设计艇与母型艇的弗劳德数 Fr 相近时，可近似认为两艇的剩余阻力系数 C_r 相等。

海军部系数 C_e 反映的是阻力性能,其定义式可表示为

$$C_e = \frac{\Delta^{2/3} \cdot V^3}{P_E} \quad (4-8)$$

式中,P_E 为有效功率。若用主机功率 P 替换有效功率,则海军部系数可表达为

$$C = \frac{\Delta^{2/3} \cdot V^3}{P} \quad (4-9)$$

可以看到,对应不同的功率,将有不同含义的海军部系数。式(4-9)中的海军部系数 C 反映了机器人的快速性,其中包含了阻力和推进两方面的内容。当主机功率 P 给定时,C 值越大,则其快速性越好。在设计中,当有相近的母型艇数据时,应用海军部系数法可以很方便地在给定排水量和主机功率的条件下估算出设计艇所能达到的航速;或在给定排水量和航速要求的条件下估算出设计艇所需的主机功率。

2. 引申比较定律法

当设计艇与母型艇的形状相近时,其尺度、阻力与排水量之间的关系为

$$\frac{L_1}{L_2} = \left(\frac{\Delta_1}{\Delta_2}\right)^{1/3}, \quad \frac{R_{t1}}{R_{t2}} = \frac{\Delta_1}{\Delta_2} \quad (4-10)$$

若两艇尺度差别不大,在相应航速下,有效功率与排水量之间的关系为

$$\frac{V_1}{V_2} = \frac{\sqrt{L_1}}{\sqrt{L_2}} = \left(\frac{\Delta_1}{\Delta_2}\right)^{1/6}, \quad \frac{P_{E1}}{P_{E2}} = \frac{R_{t1}V_1}{R_{t2}V_2} = \left(\frac{\Delta_1}{\Delta_2}\right)^{7/6} \quad (4-11)$$

当设计艇与母型艇的推进系数相同时,两艇的主机功率之比为

$$\frac{P_1}{P_2} = \left(\frac{\Delta_1}{\Delta_2}\right)^{7/6} \quad (4-12)$$

在海洋机器人设计中,当有相近的母型艇资料时(认为弗劳德数相同),应用引伸比较定律法可以在给定排水量时,利用母型艇的功率-航速关系曲线,先计算出设计船在航速 V_1 时母型艇的对应航速 $V_2 = V_1(\Delta_2/\Delta_1)^{1/6}$,然后在母型艇的功率-航速关系曲线上查得 V_2 所对应的功率 P_2,则可得设计艇在航速为 V_1 时的功率 $P_1 = P_2(\Delta_1/\Delta_2)^{7/6}$。

4.3.2 续航力估算

续航力是指海洋机器人以某一航速航行作业的最大距离或最长时间,在艇体阻力及各设备确定之后,限制续航力的主要因素是机器人所搭载的能源总量。

续航力估算的主要目的是根据技术指标对续航力的要求,确定所需能源数量,并最终估算海洋机器人在某一航速下的续航力。

1. 自主水下机器人续航力估算

在进行续航力估算前,应首先明确 AUV 的核心任务和辅助任务。核心任务是指任务书或合同中规定的 AUV 搭载任务载荷所要完成的功能任务,如搭载探测声呐水下巡检、

搭载摄像机水底观测、搭载温盐深传感器水文调查等。而辅助任务是指为完成核心任务所必须要执行的任务，例如，对于执行大潜深水底地形测量任务的 AUV，首先要执行下潜任务到水底，然后执行水底地形测量任务，结束后执行上浮任务回到水面，最后执行回收任务上船。上述任务中，水底地形测量任务是核心任务，而其下潜、上浮、回收任务等均是为保障该核心任务所必须要完成的子任务，即辅助任务。

一般情况下，AUV 续航力指的是核心任务持续时间，而不包含辅助任务时间。而核心任务场景确定后，辅助任务所需时间即确定，且不再随意变化。因此，在进行能源估算时，首先确定辅助任务所需能源 E_0，再根据续航力要求，计算核心任务所需能源 E_{mission}，二者之和即为能源总需求。

对于采用电池能源的 AUV，其能源按用电设备性质分为两部分：满足 AUV 正常航行所需的推进能源，称为动力能源(动力电)，其最长运行时间与机器人航速直接相关；满足艇上除推进器之外所有设备工作所需能源，称为设备能源(控制电或仪表电)，一旦设备工况确定后，设备能源最长用电时间就与航速无关了。因此，AUV 续航力可由这两部分的能源消耗确定。

设 AUV 在航速 V 时的续航时间要求为 T_E，航行阻力为 R_t，则该续航力下要求动力能源核心任务总能量 $(E_T)_{\text{mission}}$ 为

$$(E_T)_{\text{mission}} = \frac{P_S T_E}{\eta_{ET}} = \frac{R_t V T_E}{\text{P.C.}} \cdot \frac{1}{\eta_{ET}} \tag{4-13}$$

式中，P_S 为推进电机输入功率；η_{ET} 为动力能源放电效率，即实际放电电量与标称电量之比；P.C. 为 AUV 在航速 V 时的推进系数，详见本书 3.2.8 节。

根据式(4-13)，即可计算出不同航速和续航力要求下所需的动力能源，取其中最大值作为动力能源设计依据。

动力系统所需总能源为

$$E_T = (E_T)_{\text{mission}} + (E_T)_0 \tag{4-14}$$

式中，$(E_T)_0$ 为辅助任务期间，用电设备消耗的动力能源数量；$(E_T)_{\text{mission}}$ 为核心任务期间，推进器消耗的动力能源数量。

对于设备能源估算，首先分析辅助任务和核心任务期间工作的设备及工作时间，汇总即可求得设备能源总量为

$$E_C = (E_C)_0 + (E_C)_{\text{mission}} = \frac{\sum (P_{ij} T_{0j}) + T_E \sum P_m}{\eta_{EC} \eta_{ES}} \tag{4-15}$$

式中，P_{ij} 为设备 i 在第 j 个辅助任务时的功耗；T_{0j} 为第 j 个辅助任务用电时间；P_m 为第 m 个设备在核心任务中的功耗；η_{EC} 为电池放电效率，一般取 0.8～0.9；η_{ES} 为电源传递(变压、稳压等过程)效率，一般取 0.8～0.9。

式(4-14)和式(4-15)计算得到的 E_T 和 E_C 即为满足续航力要求的所需能源总量的理论最小值。

实际情况下，电池组是由一定数量的电芯通过相应的串联和并联组合而成的，实际总能量是单个电芯能量的整数倍，即

$$\begin{cases} (E_T)_{\text{design}} = n_{T\_\text{cell}} E_{T\_\text{cell}} \\ (E_C)_{\text{design}} = n_{C\_\text{cell}} E_{C\_\text{cell}} \end{cases} \quad (4\text{-}16)$$

式中，$(E_T)_{\text{design}}$、$(E_C)_{\text{design}}$ 分别为动力能源和设备能源设计总能量；E_{T_cell} 和 E_{C_cell} 分别为动力能源和设备能源单体电芯能量；n_{T_cell} 和 n_{C_cell} 分别为动力能源和设备能源电芯总数。

为保证续航力要求，应有如下关系：

$$\begin{cases} (E_T)_{\text{design}} \geqslant E_T \\ (E_C)_{\text{design}} \geqslant E_C \end{cases} \quad (4\text{-}17)$$

$(E_T)_{\text{design}}$、$(E_C)_{\text{design}}$ 确定后，就可通过计算获得 AUV 不同航速下的续航力 $(T_E)_{\text{design}}$：

$$(T_E)_{\text{design}} = \min(T_{E\_C}, T_{E\_T}) \quad (4\text{-}18)$$

其中

$$\begin{cases} T_{E\_C} = [(E_C)_{\text{design}} - (E_C)_0] \dfrac{\eta_{EC} \eta_{ES}}{\sum P_m} \\ T_{E\_T} = [(E_T)_{\text{design}} - (E_T)_0] \dfrac{\eta_{ET}}{P_S(V)} \end{cases} \quad (4\text{-}19)$$

以 WL-4 型 AUV 为例，其任务载荷主要是侧扫声呐。侧扫声呐平均耗电功率为 60W，其工作时 AUV 上所有设备平均耗电总功率为 112.8W，根据设备及推进器功率，AUV 在不同航速下的续航力估算结果如图 4-19 所示。

由图 4-19 可知，当侧扫声呐不工作时，经济航速为 2.2kn，续航时间为 29.5h，航程为 119km；侧扫声呐工作时，经济航速为 2.8kn，续航时间为 13.4h，航程为 69.9km。

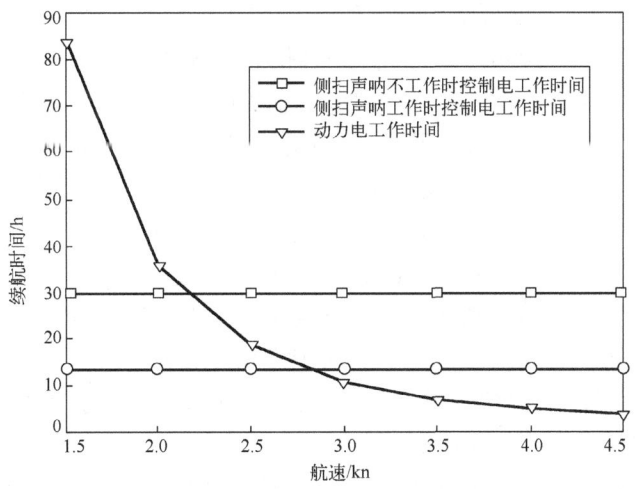

图 4-19　WL-4 型 AUV 续航力估算

采用电池作为能源的 AUV，其能源系统配置主要有两种形式。

(1) 单电池组：所有设备(包括推进器)共用一套电池组。这种形式最大的优点是能够充分利用能源。不足之处在于推进系统电机工作时可能会对其他设备用电产生干扰，对电气系统设计要求更高，而且当推进器与其他设备工作电压相差较大时，电压转换模块带来的能源损耗更大。

(2)双电池组：推进系统使用一套电池组（称为动力电池组），其他系统使用另一电池组（称为控制电池组）。这种方式的优点主要是将推进电机用电与其他设备用电隔离开，最大程度减小了推进器对其他设备的干扰，同时两组独立的电池组也避免了动力电与控制电之间的电压转换过程，既简化了电气系统方案，也有利于节能。双电池组的不足主要是当实际工况发生变化时，极易出现某一电池组没电而另一电池组还有能量剩余的情况，即系统能源利用不充分。

2. 水面无人艇续航力估算

对于采用电池能源的电力推进无人艇，其续航力估算过程与 AUV 基本相同，不再赘述。

对于采用燃油发电机的电力推进无人艇，所有能源均由燃油发电机提供，根据续航力要求计算得到的电能，需由发电机效率最终转换为燃油数量。

对于采用燃油发动机带动轴系和螺旋桨推进的无人艇，在计算动力能源时，需考虑轴系传递效率，并将电机效率替换为发动机效率，最后根据发动机效率转换为所需燃油数量。而设备能源一般由小型燃油发电机提供，需根据发电机效率转换为燃油数量。

思 考 题

1. 海洋机器人设计的目标是什么？
2. 简述海洋机器人初步方案设计流程。
3. 参照 AUV 系统划分方法，结合 AUV 和 ROV 各自特点，给出 ROV 系统划分。
4. 对于一种面向水底地形地貌测量任务的 AUV，如何选择其推进与操纵方案？
5. 简述电池组的主要参数，选择各参数时的主要依据是什么？
6. 续航力估算的目的是什么？开展续航力估算的前提有哪些？简述续航力估算过程。
7. AUV 消耗的能量主要包括两部分：推进 AUV 航行消耗的动力用电量和其他设备消耗的控制用电量。假设其他设备消耗的总功率是固定不变的，当仅采用 1 组电池同时提供动力用电和控制用电时，试分析动力用电功率和设备用电功率的最佳配置关系，指出在 AUV 外形及主尺度确定后可提高 AUV 最大航程的因素有哪些。
8. 为实现 AUV 抵近精细观测功能，一般要求 AUV 具备原地悬停定位、原地回转、横向移动、无纵倾垂向移动机动能力，以实现多角度、稳定观测。对于一个兼具大范围目标搜寻和抵近目标精细观测功能的近岸浅水水底目标搜探任务的 AUV，宜采用怎样的艇型方案和推进与操纵方案？为什么？
9. 已知某回转体 AUV，长为 2.3m，最大直径为 0.3m，浸湿表面积为 $2.1m^2$，阻力系数为 0.0067。为提高 AUV 载荷搭载能力，将该 AUV 主尺度扩大一倍，重新设计一款 AUV，要求新 AUV 最大航速为 3m/s，采用独立的动力电池组为艉部单推进器供电。假设新 AUV 所用线缆及接插件最大过流能力不超过 10A、电池组所用电芯工作电压范围为 3.0～4.2V，请根据弗劳德换算法，确定新 AUV 艉部推进电机最小工作电压及动力电池组电芯串联数。假设 AUV 推进系统推进系数为 0.5 且不随转速和航速变化，不考虑粗糙度修正，水的密度均取 $1025kg/m^3$，水的运动黏性系数取 $1.0537×10^{-6}$。

第 5 章 海洋机器人结构设计

海洋机器人艇体结构直接承载外部全部环境载荷,为其上搭载的所有设备提供合适的工作环境,使它们不会受外部环境影响而损坏,因此要求艇体结构具有足够的强度,选用的材料要能够抵抗海洋环境的腐蚀。本章分别对水面无人艇结构设计和水下机器人耐压结构、非耐压结构设计等予以介绍。

5.1 水面无人艇结构设计

水面无人艇结构设计与水面船十分相近,因此本节主要从结构材料、结构形式和结构设计三方面进行介绍。

5.1.1 结构材料

目前,水面无人艇常用的结构材料有船用钢、铝合金、玻璃钢和碳纤维,材料性能比较如表 5-1 所示。

表 5-1 水面无人艇艇体材料的性能比较

材料	密度 /(t/m³)	抗拉强度 /MPa	抗压强度 /MPa	屈服应力 /MPa	弹性模量 /GPa	单位重量强度 /(MPa/t)	单位重量刚度 /(MPa/t)
船用钢	7.80	413.7	413.7	206.8	206.8	53.04	26.51
NP5 可焊铝合金	2.70	214	—	110	68.7	79.26	25.44
5086 铝合金	2.66	262	179.3	124	71.0	98.50	26.69
毡+布玻璃钢积层板	1.54	196.2	151.7	159	9.81	127.4	6.37
粗纱布玻璃钢积层板	1.65	206.8	179.3	—	13.8	125.3	8.36
碳纤维+玻纤维积层板	1.45	298.2	—	—	16.48	205.6	11.37

注:数据因材料牌号的不同而有所出入,该表仅作为一般性参考。

玻璃钢、碳纤维增强复合材料等相对于船用钢、铝合金等金属材料,具有重量轻、单位重量强度和刚度高、耐化学腐蚀、抗疲劳、耐磨、绝缘、无磁以及吸波/透波性好等一系列优势,能够满足未来水面无人艇在隐身、减重等方面的发展需求,更适用于水面无人艇的运行环境。因此,若无特殊要求,采用复合材料是未来水面无人艇发展趋势。

5.1.2 结构形式

水面无人艇的结构形式大致可以分为三种:纵骨架式、横骨架式和纵横混合骨架式。这些结构布置形式都可以将外载荷和集中载荷有效地传送到主要支撑结构上。

纵骨架式艇体结构是指在主艇体中的纵向构件排列密、尺寸小,横向构件排列间距大、尺寸大。由于纵向构件的增多大大提高了艇体的总纵强度,因此可选用较薄的板材,从而使无人艇自重减轻，但施工建造比较复杂。

横骨架式是指横向骨材较密、纵向骨材较稀的骨架形式。横骨架式结构的优点是横向强度较高，施工比较方便，建造成本较低。一般总纵强度要求不高的无人艇多采用横骨架式结构。许多对总纵强度有要求的无人艇，其舷侧、下层甲板、艏艉端等结构也可依据其弯矩和弯曲应力的分布采用横骨架式，以使艇体结构布置更合理。

纵横混合骨架式简称混合骨架式，是指在主艇体中的一部分结构采用纵骨架式，而另一部分结构则采用横骨架式。通常艇舯部位的强力甲板和艇底结构因所受的总纵弯矩大，故采用纵骨架式，而下甲板、舷侧及在受总纵弯矩较小，建造施工不便和波浪冲击力较大的艏、艉部位则采用横骨架式结构。

5.1.3 结构设计

1. 设计方法

水面无人艇结构设计是指依据水面无人艇所承受的载荷与能力，对载体结构的构件尺寸进行计算和校核。目前，水面无人艇的结构设计采用的主要方法有以下两种。

1）规范设计法

根据水面无人艇主要尺度、使用要求、结构材料、施工方法及工艺要求，按照船级社制定的船舶建造规范的有关规定，确定结构形式和构件布置和尺度，再进行总强度与局部强度、结构稳定性等校核。

但是，由于船型及构件布置等要素的不同，规范中的简化公式未能充分考虑结构的详细应力分布、边界条件、结构布置，而实际结构破坏模式是多种多样、复杂又相互关联的。因此，使用规范设计法时，抵抗破坏的安全裕度是未知的，设计者无法确切地知道所得到的设计结果是恰当的还是偏于保守的。

对于水面无人艇而言，必须以"斤斤计较"的态度严格控制结构重量。因此，规范设计法可用于水面无人艇的初步设计阶段，但后期应对该设计结果进行进一步的优化。

2）直接计算法

直接计算法基于结构力学的知识，按各种构件的受力情况，直接进行强度计算以求得构件尺度。这种方法具有较高的力学合理性，而且可以预先选择目标函数，进行优化设计，可更好地实现轻量化目标。

然而，直接计算方法有时难以估计施工的工艺性或者使用上的特殊要求，如树脂流动的不均匀性、舱容、腐蚀、维修和航运要求等，因此优化的结果可能陷入局部最优点的搜索。

2. 规范要求

1）一般要求

单体船和水翼艇的船体结构通常采用纵骨架式。各类双体船的两个片体通常也采用纵骨架式，但连接两个片体的连接桥为横骨架式。

纵骨架式结构的纵骨间距和横骨架式结构的横骨（或栋梁）间距一般应不大于

500mm。纵骨架式结构的纵向构件应保持连续。纵向次要骨材在舱壁处中断时,应设置连接肘板以保证结构的纵向连续性。位于舱壁两侧的纵向次要骨材和肘板均应对齐。

横骨架式结构的横向构件也应尽可能保持连续。横向次要骨材在纵舱壁或纵向主要构件处中断时,同样应设置肘板,且骨材和肘板都应对齐。船底实肋板、船侧强肋骨和甲板强横梁应在同一横剖面内有效连续。主要骨材上如需开孔通过电缆、管路,开孔角隅应为圆角,开孔高度超过桁材或强横梁腹板高度三分之一时,开口必须补强。但上述构件的端部不应开孔。

2) 船底、舷侧及甲板结构

船底纵桁设计应符合下列要求:①计入总纵强度的船底纵桁应保持连续并穿过水密横舱壁;②桁材两端(即距舱壁 1.5 倍桁材高度范围内)不得开孔;③主机底座下的桁材应自船底直升到机座面板,并应适当扶强和防倾;④推力轴承处桁材应予以加强。

在机舱每个肋位上都应设置实肋板,在推力轴承处须另行加强。机舱内的主机前、后端须设置强肋骨。船底肋板的腹板高度应不小于纵骨穿过处开孔高度的 2.5 倍;舷侧肋骨及甲板强横梁的腹板高度应不小于纵骨穿过处开孔高度的 2.2 倍。螺旋桨上方和舵柱附近区域的外板应适当加强。

3) 舱壁

应设置下述水密舱壁:①船艏的水密防撞舱壁;②机舱前后端的水密舱壁;③水密尾尖舱壁。

4) 局部加强

如果水面艇是高速艇,对于受波浪拍击严重区域(一般距艏部 $1/3L_{OA}$ 处的前后 $0.15L_{OA}$ 范围内),应在每个肋位处设置实肋板。并且,艉封板的厚度应不小于舷侧板的厚度,但当艉封板上安置推进装置时,艉封板的厚度应不小于舷侧板厚度的 1.2 倍。对艉轴架、舵柱及其附体等贯穿船体处的外板或锚泊、系泊、拖带的强力点部位的板应予以适当加强。

5.2 水下机器人结构划分与组成

水下机器人结构的作用是把机器人上各系统组合成一个有机的整体,为各个系统提供可靠的工作环境,并为各个设备提供安装空间且承受外部环境载荷,保证水下机器人的完整性和有效性,满足航行性能要求。结构按是否透水,可以分为水密结构和非水密结构,如图 5-1 所示。

水密结构也称为水密舱,主要用于装载水下机器人上不能与水接触的电气设备和元器件。按照水密舱体承压形式,水密舱可分为充油承压的湿式水密舱和完全靠舱体结构承压且内部干燥的干式水密舱(也称为耐压舱)。

由于耐压舱主要靠舱体结构来承受

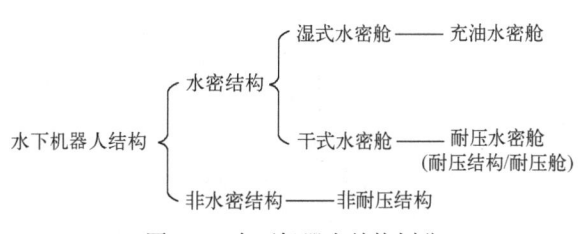

图 5-1 水下机器人结构划分

水下静水压力，随着深度增大，为保证承压性能，舱体结构会越来越重，进而会增加整个水下机器人的总重量。为了尽可能减小重量，人们提出了充油承压结构——湿式水密舱，结构如图 5-2 所示。

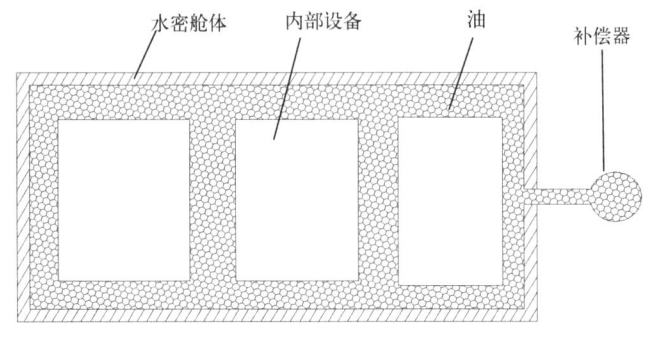

图 5-2 湿式水密舱结构示意图

充油水密舱由具有一定承压能力的水密舱体和充满舱体内部的油构成。当舱体承受较小外部水压时，压力会通过可受压变形的舱体结构传导至内部填充的油，油受压后会将压力反向作用于舱体结构，从而形成内外压力平衡而不破坏舱体结构。随着深度增加，静水压力会变大，舱体内的油由于其可压缩性，体积会减小，从而导致舱体变形增大，当变形量达到一定程度后就会发生破坏的情况。为避免这一情况，需要为充油水密舱配置可自动调节压力的压力补偿器。补偿器内部存储足够量的油，且与舱体内部连通。当静水压力变大时，补偿器自动向舱体内充油，从而维持舱体结构变形量在安全范围内。最简易常见的补偿器采用具有弹性、可受压变性的容器制成，如橡胶油囊、胶管等。

虽然充油水密舱可有效减小系统总重量，但在深水环境使用时舱内各器件都要直接承受很大的静水压力，因此对器件承压能力要求更高。耐压舱内不要求内部器件具备承压能力，而且内部干燥，便于日常维护保养，是目前水下机器人乃至整个潜水器领域应用最多的水密舱形式。图 5-3 所示为用于某 6000m 潜深 AUV 的充油承压电池组结构。

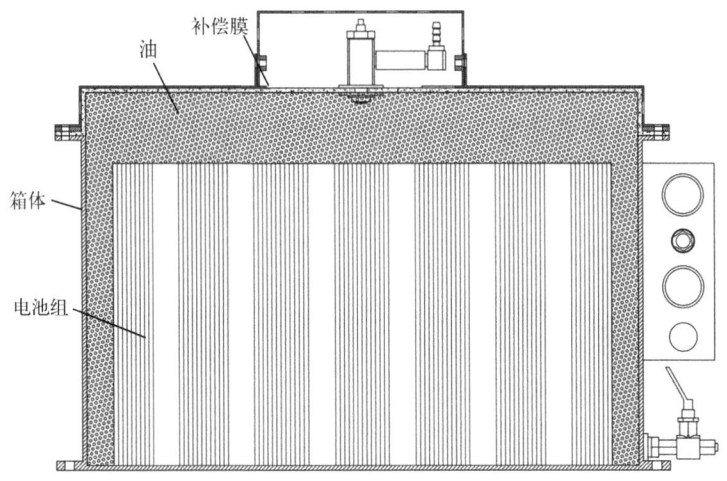

图 5-3 深海充油承压锂电池组

5.3 水下机器人耐压舱设计

微课

耐压舱是水下机器人的核心结构部件,主要用于承受深水外部压力,从而为其内部电子元器件、仪器设备等提供合适的工作环境,使其免受海水压力和腐蚀而遭到损害,因此要求耐压舱壳体具有足够的结构强度。

5.3.1 耐压舱设计过程

耐压舱设计是指根据设计任务书给定的设计潜深要求,结合水下机器人主尺度、重量、成本、搭载能力等方面要求,选定合理的耐压舱壳体结构形式及材料,并基于相应的设计规范确定满足结构强度要求的耐压舱壳体结构尺寸。由于影响耐压壳结构设计的因素很多且存在耦合关系,实际设计时不可能一蹴而就,而是一个循环往复的迭代过程,如图 5-4 所示。

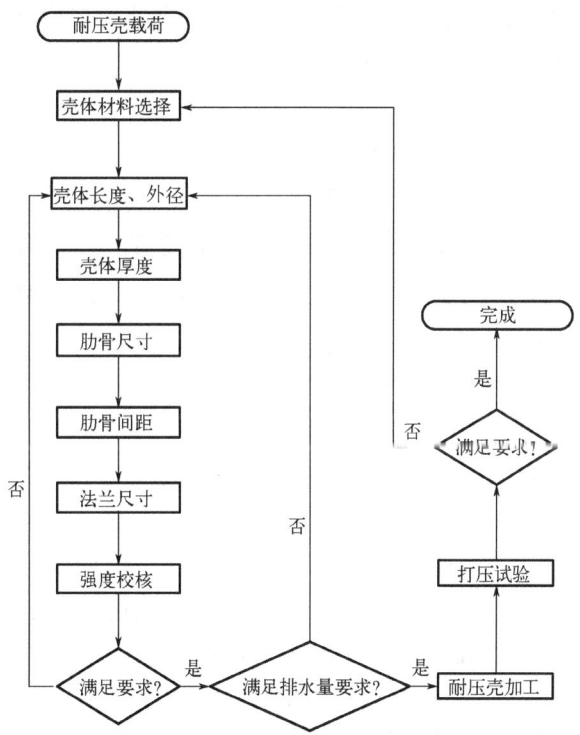

图 5-4 环肋圆柱壳结构设计流程

水下机器人耐压舱设计有以下几个方面的要求。

(1) 壳体要有足够的强度和稳定性。

(2) 壳体质量要小,这与所选择的结构形式和材料有关。

(3) 工艺性好,便于施工,内部布置合理,如环肋圆柱壳肋骨间距不能过小,以免装配困难。

(4) 经济性要好。

1. 载荷的确定

水下机器人耐压舱所受的外载荷主要包括以下几种。

(1)海水静压力。

(2)吊运时重力所产生的剪力与弯矩，耐压壳作为水下机器人载体主体结构时，此项不能忽略。

(3)壳体内部构件重量分布不均匀，各截面处浮力与重力产生的剪力与弯矩。

这几种载荷中最主要的是海水静压力，其次是吊放时产生的剪力和弯矩。此处仅讨论海水静压力载荷。

水下机器人在设计前首先要根据任务需求确定最大工作深度 H_{op}，即设计潜深。设计潜深是指机器人在水下正常工作过程中所允许到达的最大深度。在此深度上，机器人能做任意次的、长期的停留而不引起耐压舱永久变形及破坏。

为保证水下机器人安全性，耐压壳设计时通常会留有一定的强度储备。耐压结构基本上是以壳板稳定条件作为控制破坏的基础，因此主要将强度储备计入载荷中。同时，由于结构中各构件在抵抗外力中所起作用、结构重要性及各部位应力性质不同，也将部分强度储备分别考虑在应力中，并根据不同的结构制定不同的许用应力标准。统一考虑在载荷中的强度储备即为安全系数，即

$$P_j = K_s P_{sj} \tag{5-1}$$

式中，P_j 为考虑了强度储备的最大许用载荷，即计算载荷；K_s 为安全系数，且有 $K_s \geq 1$，根据《潜水系统和潜水器入级规范》(中国船级社，2018)，K_s 一般取 1.5；P_{sj} 为进行结构强度校核时的基准载荷，一般取设计潜深 H_{op} 对应的静水压力 P_{op}。

2. 耐压舱结构形式

水下机器人耐压舱结构形式主要包括球形、圆柱形、椭球形、锥形和倒锲形等多种形式，其中以球形和圆柱形最为普遍，优缺点见表 5-2。目前，水下机器人普遍采用球壳、圆柱壳与半球壳封头组合及圆柱壳与平板封头组合的耐压舱形式。球壳主要用于最大工作深度大于 3000m 的水下机器人，圆柱壳与半球壳封头组合耐压舱多用于潜深 1000~6000m 的水下机器人，圆柱壳与平板封头组合耐压壳体加工成本低，多用于潜深不大于 1000m 的水下机器人。由于耐压舱形式的选择与舱室的内部总布置和使用要求、耐压壳材料及加工工艺和制造条件、经济性、可靠性、流体阻力等众多因素有关，因此上述规律并不绝对。

球形壳体具有稳定性高和体积密度小的优点，另外由于球壳内表面积与容积的比值小，因此壳体上适用于简易的切割舱口、舷窗和电缆套管孔。其缺点是不便于对舱内设备进行布置，因此舱容利用率往往不高。虽然增加直径可以增大容积，但同时也会使水下机器人整体变大进而增加运动阻力，从而降低了机器人的续航力和航速。为了保证水下机器人具有良好的线型，通常采用的改进方法包括：①多球形壳体组合形式；②两个孤立球形壳体的组合形式；③由圆柱形壳体连接两个半球的组合形式。

表 5-2 各种耐压壳体形式的优缺点

耐压壳体形式	优点	缺点
球形	①具有最佳的重量-排水量比; ②容易制造壳体杯形管节; ③容易进行应力分析而且准确; ④稳定性高、体积密度小; ⑤材料利用率高	①不便于内部舱室布置; ②流体运动阻力大; ③不易加工制造; ④空间利用率低
椭球形	①具有较好的重量-排水量比; ②能较有效的利用内部空间; ③容易安装壳体贯穿件	①制造费用高; ②结构的应力分析较困难
圆柱形	①最易加工制造; ②容易进行内部舱室布置; ③内部空间利用率最高; ④流体运动阻力小	①重量-排水量比值最大; ②内部需要用肋骨加强; ③稳定性问题; ④材料利用率较低

对于圆柱形耐压壳来说,通常采用肋骨加强来保证圆柱壳的结构稳定性,但当圆柱形部分的直径和长度不大并且外压力相对较小时,稳定性可通过增加外壳板厚度来保证。

3. 耐压舱结构材料

耐压壳体的材料选择对于 AUV 的可靠性、安全性、经济性等是非常重要的,而 AUV 的使用条件也对其耐压壳体的材料提出了诸多特殊要求。耐压壳体的材料包括金属和非金属两类。常用的金属材料包括高强度铝合金、钛合金、高强度船用钢等。非金属材料包括玻璃、陶瓷、各种塑料、玻璃纤维增强复合材料、碳纤维增强复合材料、金属基复合材料和陶瓷复合材料等。为了确保所设计的 AUV 在限定的海洋环境下具有良好的性能,在选择 AUV 的耐压壳体材料以及它们的焊接或连接材料时,应从比强度(材料屈服强度与重量密度之比)、比刚度(材料弹性模量与重量密度之比)、可设计性、可装配性、可生产性、重量与排水量比值以及经济性(材料成本和建造经费,甚至包括维修费用)几方面对其进行评价。

另外,材料的选择应使壳体具有最低的相对重量,使之在同样结构重量的情况下,AUV 能获得更大的潜深,或者在需求的深度下,具有最轻的结构重量。另外,从加工方面考虑,还包括可成型性、抗腐蚀性、可焊性等。

各种材料都具有优点和缺点,材料的选择取决于 AUV 的结构、下潜深度、用途及其他因素。下面对几种典型耐压壳体材料加以叙述。

1) 碳钢和合金钢

对于尺寸较大的耐压壳体,设计者往往采用高强度钢,这主要是因为它具有很高的屈服极限、较好的疲劳和断裂强度、较高的比强度,以及较好的制造工艺性、经济性,设计者和制造者对钢材在海洋环境下的应用也积累了丰富的经验,而且加工工艺都已成熟。但由于其比强度、比刚度较小,应用到大潜深 AUV 上时会严重超重。

2) 铝合金

铝合金重量轻,具有较高的比强度。由于铝合金相对密度小,所以可以在重量与排水量比值较小或相同的情况下,使 AUV 增强负载能力或增大作业深度。高强度的铝合金已经广泛用于制造中小型 AUV 的框架和耐压壳体,但高强度的铝合金可焊性差、应力腐蚀敏感,且铝合金耐压壳体的造价远远高于钢质壳体,选材时需综合考虑。目前国际上几种典型的 AUV,如 REMUS100、Bluefin 9、Explorer、Autosub 等,均采用铝合金材质耐压壳体。

3) 钛合金

钛合金具有良好的力学性能,具有密度小、强度高、耐腐蚀、无磁等优点,是大深度潜水器耐压壳首选材料。然而,钛合金的应用也受其造价高、加工复杂、焊接要求高等限制,但随着钛合金力学性能的进一步完善、加工工艺的改进和费用的降低,其优势将会越来越明显。目前,对于潜深超过 3000m 的 AUV,其耐压壳体大都选用钛合金材料。

4) 非金属材料

非金属材料主要包括下面几种。

(1) 玻璃和陶瓷。

从比强度出发,玻璃和陶瓷是最有前途的耐压壳体材料,但是由于材料特性、工艺、制造经验等方面与金属材料的截然不同,而且抗拉与抗压屈曲强度十分不对称,因此限制了其广泛的应用。美国的全海深 ARV——Nereus 号主耐压壳体即使用陶瓷材料制成,哈尔滨工程大学的全海深 AUV——"悟空"号采用高硼硅玻璃球作为设备耐压舱。

(2) 复合材料。

近年来由于复合材料的迅速发展和在航天航空领域的成功应用,最初制约其应用的一些因素(如价格、工艺等)正逐步被克服,已经开始在包括 AUV 等在内的潜水器上作为结构部件开始应用,并越来越显示出其优越性。对于大潜深 AUV 来说,具有优异的力学性能和耐腐蚀性的先进复合材料(如碳纤维增强复合材料、陶瓷等)不失为一种最好、最有前景的耐压壳体可选材料,但是对于相应的结构强度与稳定性的分析方法还有待进一步研究。

除此之外,AUV 耐压壳还可采用以上各种材料组成的混合式结构,如钛合金套在玻璃钢外面、在耐压壳的圆柱形部分和封头部分采用不同的材质等。

4. 耐压舱强度校核标准

强度校核的目的是保证 AUV 在设计深度下作业时,耐压舱不会出现变形、断裂等破坏。耐压结构的破坏主要有强度破坏和失稳破坏两种形式。

强度破坏是指耐压舱壳体结构上某一位置处的最大应力 $\sigma_{\max}$ 超过了材料的许用应力(一般根据材料的屈服强度 σ_s,以适当的安全储备系数 K_{strenth} 确定),从而导致壳体发生断裂和变形。未发生强度破坏的条件为

$$\sigma_{\max}(P_j) \leq [\sigma] = \frac{\sigma_s}{K_{\text{strenth}}} \tag{5-2}$$

式中，$K_{strenth}$ 为强度安全系数，且有 $K_{strenth} \geqslant 1$。

失稳破坏是指当耐压舱所受载荷增大到某一值(临界压力 P_{cr})时，壳体会突然失去原来的形状，被压扁或出现波纹，载荷卸去后，壳体不能恢复原状，这种现象称为壳体失稳(instability)或屈曲(buckling)。未发生失稳破坏的条件为

$$P_j \leqslant \frac{P_{cr}}{K_{stability}} \tag{5-3}$$

式中，$K_{stability}$ 为稳定性安全系数，且有 $K_{stability} \geqslant 1$。

说明：由于耐压结构中不同部位在抵抗外力中所起的作用不同，其重要性及所受应力的性质不同，对应选取的安全储备系数 $K_{strenth}$ 和 $K_{stability}$ 也会有所不同。

5. 耐压舱压力试验

耐压壳体在制造完成后需要进行至少 2 个循环的压力试验，以检验设计的有效性和结构可靠性。试验时，以水下机器人设计潜浮速度进行加压和泄压，达到试验压力后需保压不少于设计潜深下最长工作时间，试验压力根据设计潜深放大一定系数确定，如表 5-3 所示(中国船级社，2018)。

表 5-3 规范规定的压力试验系数

设计潜深/m	压力试验系数
≤1000	1.25
1000～4000	1.25
4000～6000	插值
≥6000	1.15

5.3.2 圆柱形耐压壳设计

1. 应力计算与校验

1)壳体结构形式

圆柱形耐压壳体可采用无肋骨加强的结构形式(图 5-5(a))，也可根据需要采用全部由同一规格型材作为环状肋骨加强的结构形式(图 5-5(b))，或为减小舱段长度而在舱壁间设置强肋骨的结构形式(图 5-5(c)和图 5-5(d))。环肋圆柱壳是 AUV 经常采用的耐压壳体结构形式，这些环向肋骨常常是刚度相同和等间距布置，如图 5-5(b)所示。肋骨或强肋骨可以布置在耐压壳体内部(图 5-5(e))或外部，呈内肋骨或外肋骨形式，其强度分析和强度标准相同(中国船级社，2018)。如果圆柱壳体与封头(主要是半球形、扁球形和椭球形)连接，则舱段长度(即图 5-5 中的 L_{shell})还需在圆柱壳长度基础上增加 40%的封头深度，如图 5-6 所示。

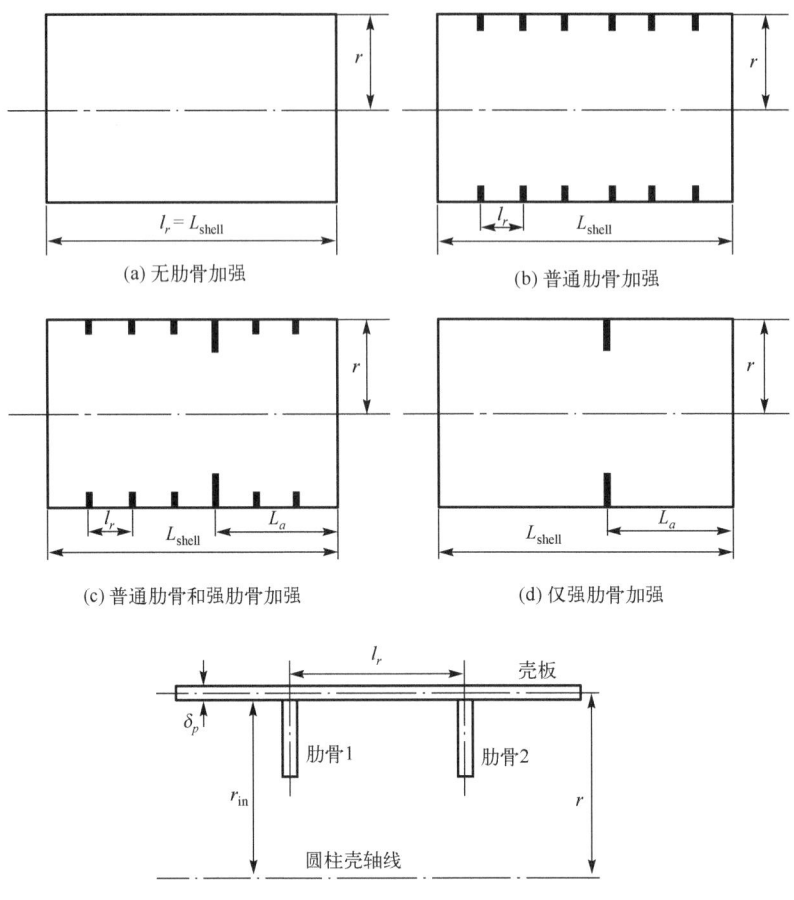

图 5-5 圆柱形耐压壳示意图

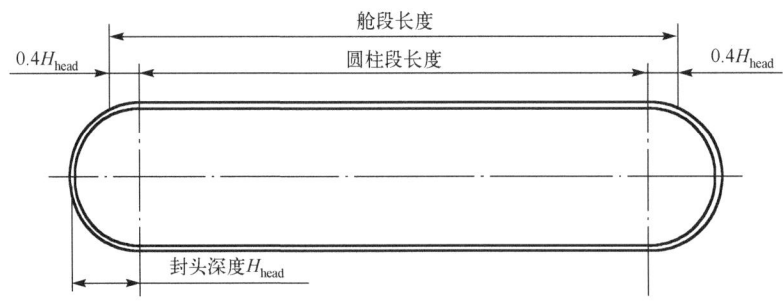

图 5-6 采用封头的圆柱形耐压舱舱段长度示意图

2) 均匀外压下等间距环肋圆柱壳力学模型与应力计算

应该指出,在圆柱壳上设置肋骨,其目的完全是提高壳体的稳定性,但同时也破坏了壳体的无力矩状态,从而在壳体母线方向上产生弯曲。下面主要讨论以间距同刚度环向肋骨加强的圆柱壳的应力计算问题,对于圆柱壳体的稳性问题将在下一小节中进一步讨论。

对于在均匀外压力作用下的一系列等间距同刚度环肋加强圆柱壳,可以简化为两端为刚性的固定在弹性支座上的复杂弯曲弹性基础梁来研究,其力学模型如图 5-7 所示。其中，δ_p 为壳板厚度(图 5-5(e));r 为耐压壳的中面半径(图 5-5(e));l_r 为肋骨间距(图 5-5(e));F_0 为肋骨截面积;E 为材料弹性模量;ν 为材料泊松比;P_j 为计算压力;A_1 为梁两端弹性支座的柔性系数;E_D 为梁的抗弯刚度。

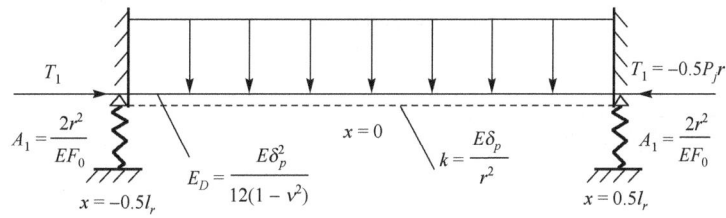

图 5-7 环肋圆柱壳梁带计算力学模型

中国船级社、俄罗斯船级社和美国船级社规范中,肋骨间距为肋骨中心距 l_r;挪威船级社规范中,肋骨间距取为肋骨之间的净距 l_b(肋骨中心距减去肋骨腹板厚度)。

为表示方便,这里引入代表符号和辅助函数,如式(5-4)和式(5-5)所示:

$$\begin{cases} u_1 = u\sqrt{1-\gamma_0} \\ u_2 = u\sqrt{1+\gamma_0} \\ u = \dfrac{\sqrt[4]{3(1-\nu^2)}}{2} \cdot \dfrac{l_r}{\sqrt{r\delta_p}} \\ \gamma_0 = \dfrac{\sqrt{3(1-\nu^2)}}{2} \cdot \dfrac{P_j r^2}{E\delta_p^2} \end{cases} \tag{5-4}$$

$$\begin{cases} F_1(u_1,u_2) = \dfrac{\sqrt{1-\gamma_0^2}(\cosh 2u_1 - \cos 2u_2)}{F_5(u_1,u_2)} \\ F_2(u_1,u_2) = \dfrac{3(1-0.5\nu)(u_2 \sinh 2u_1 - u_1 \sin 2u_2)}{\sqrt{3(1-u_0^2)}F_5(u_1,u_2)} \\ F_3(u_1,u_2) = \dfrac{6(1-0.5\nu)(u_1 \cosh u_1 \sin u_2 - u_2 \sinh u_1 \cos u_2)}{\sqrt{3(1-\nu^2)}F_5(u_1,u_2)} \\ F_4(u_1,u_2) = \dfrac{2(1-0.5\nu)(u_1 \cosh u_1 \sin u_2 + u_2 \sinh u_1 \cos u_2)}{F_5(u_1,u_2)} \\ F_5(u_1,u_2) = u_2 \sinh u_1 + u_1 \sin 2u_2 \end{cases} \tag{5-5}$$

应用壳带梁的弯曲理论可以得到应力计算式为

$$\sigma_i = K_i \frac{P_j r}{\delta_p} \tag{5-6}$$

所需校核的应力包括以下几点。

(1)相邻肋骨中点处壳板的周向平均应力:

$$\sigma_1 = K_1 \frac{P_j r}{\delta_p} \tag{5-7}$$

式中，$K_1 = 1 - \dfrac{F_4(u_1, u_2)}{1 + \beta_0 F_1(u_1, u_2)}$。

(2) 普通肋骨处壳板的轴向应力：

$$\sigma_2 = K_2 \frac{P_j r}{\delta_p} \tag{5-8}$$

式中，$K_2 = 0.5 + \dfrac{F_2(u_1, u_2)}{1 + \beta_0 F_1(u_1, u_2)}$。

(3) 肋骨应力 σ_f 为

$$\sigma_f = K_f \frac{P_j r}{\delta_p} \tag{5-9}$$

式中，$K_f = \left(1 - \dfrac{\nu}{2}\right) \dfrac{\beta_0 F_1(u_1, u_2)}{1 + \beta_0 F_1(u_1, u_2)}$。

式(5-7)~式(5-9)中，$K_i(i = 1, 2, f)$ 是参数 u 和 β_0 的函数，表示肋骨的存在对壳板应力的影响。其中，u 是一般弹性基础梁所共有的一个重要参数，表示壳体几何形状的计算参数；β_0 为一个跨度上壳板剖面积 $l_r \delta_p$ 与肋骨剖面积 F_0 的比值，即 $\beta_0 = l_r \delta_p / F_0$，是肋骨对壳体的影响参数，$\beta_0$ 越小，即肋骨越大，这个影响也越大。如果没有肋骨，则 $1/\beta_0 = 0$，显然可按材料力学中的薄壁圆筒公式进行计算，此时有以下参数。

① 壳板纵剖面上的周向平均应力：

$$\sigma_1 = \frac{P_j r}{\delta_p}$$

② 壳板横剖面上的轴向应力：

$$\sigma_2 = \frac{P_j r}{2\delta_p}$$

β_0 越小，即肋骨越大，这个影响也越大。

(4) 强肋骨处壳板轴向应力：

$$\sigma_{2k} = K_{2k} \frac{P_j r}{\delta_p} \tag{5-10}$$

式中，$K_{2k} = 0.5 \left[1 + \dfrac{6(1 - 0.5\nu)}{\sqrt{3(1 - \nu^2)}} \cdot \dfrac{1}{1 + \beta_k / u} \right]$，其中有普通肋骨加强时，$\beta_k = l_r \delta_p / F_k$，$u$ 由式(5-4)计算获得；无普通肋骨时，分别用 L_a 和 $L_{\text{shell}} - L_a$ 分别替换有普通肋骨加强时 β_k 和 u 中的 l_r 计算获得。

(5) 强肋骨应力：

$$\sigma_{fk} = K_{fk} \frac{P_j r}{\delta_p} \tag{5-11}$$

式中，$K_{fk}=\dfrac{1-0.5\nu}{1+u/\beta_k}$，$\beta_k$ 和 u 计算同式(5-10)。

式(5-7)~式(5-11)中的 K_1、K_2、K_f、K_{2k}、K_{fk} 也可以根据参数 u、β_0 和 β_k 从规范(中国船级社，2018)中查阅图谱获得。

根据规范(中国船级社，2018)，为保证圆柱壳不出现强度破坏，上述计算获得的应力应满足如下条件：

$$\begin{cases} \sigma_1 \leqslant 0.85\sigma_s \\ \sigma_2 \leqslant 1.15\sigma_s \\ \sigma_f \leqslant 0.60\sigma_s \\ \sigma_{2k} \leqslant 1.15\sigma_s \\ \sigma_{fk} \leqslant 0.60\sigma_s \end{cases} \tag{5-12}$$

式中，σ_s 为壳体材料屈服极限。

2. 稳定性计算与校验

1)圆柱壳失稳形式

随着 AUV 的潜深越来越大，为减轻耐压壳体的重量，采用的材料的屈服极限越来越高，因而确保耐压壳体的稳定性问题就越来越重要。在均匀外压作用下，圆柱壳不同肋骨加强形式及失稳形式主要有以下几种。

(1)仅有普通肋骨加强。

仅有普通肋骨加强的圆柱壳，主要存在两种失稳形式。

①肋骨间壳板失稳。当肋骨刚度超过自身的临界刚度时，在均匀外压力作用下，可能出现这种失稳形式，如图 5-8(a)所示。此时肋骨保持自身正圆形不变，成为壳板的刚性支座周界。壳板则在两肋骨之间形成一个半波，从而在舱间距内形成若干连续的凹凸交替半波。从横剖面来看，在整个圆周上形成许多凹凸交替半波。

②横舱壁间舱段总体失稳——肋骨失稳。当肋骨刚度小于其临界刚度，外压力超过其临界压力时，肋骨将连同壳板一起在舱段内失稳，也就是整个舱段内圆柱壳丧失其总稳定性，如图 5-8(b)所示。此时，仅舱段的两端横舱壁和框架肋骨保持正圆形不变，成为壳的刚性支座周界。壳体在母线方向上整个舱段只形成一个半波。从横剖面看，则在整个圆周上形成 2~4 个整波。

(2)普通肋骨和一根强肋骨加强。

当耐压壳体舱段较长时，两端横舱壁对肋骨稳定性的有利影响减小，为保证舱段稳定性所需的普通肋骨截面尺寸可能远大于保证强度所需的尺寸，这对耐压壳重量及内部设备布置非常不利。此时，可以在舱段中间某一位置布置一根特别加大的大肋骨，以减小其与各档肋骨的断面尺寸，对于减小整个舱段重量是有利的。这档特别加大的肋骨称为强肋骨。此时，圆柱壳存在三种失稳形式。

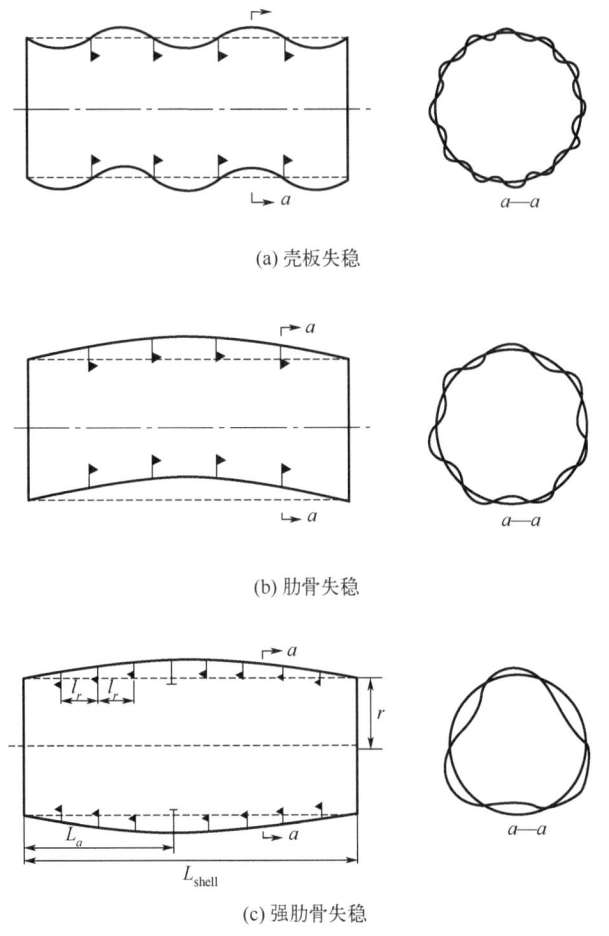

(a) 壳板失稳

(b) 肋骨失稳

(c) 强肋骨失稳

图 5-8　圆柱壳失稳形式

①肋骨间壳板失稳。当普通肋骨刚度超过自身的临界刚度时，在均匀外压力作用下，可能出现这种失稳形式。此时，肋骨保持自身正圆形不变，成为壳板的刚性支座周界。壳板则在两肋骨之间形成一个半波，从而在众多间距内形成若干连续的凹凸交替半波。从横剖面来看，在整个圆周上形成许多凹凸交替半波。

②强肋骨与横舱壁间舱段局部失稳——肋骨失稳。当普通肋骨刚度小于其临界刚度，只有强肋骨刚度超过其临界刚度时，肋骨将连同壳板一起在横舱壁和强肋骨之间失稳，这时强肋骨仍保持其正圆形不变，与两横舱壁一起成为壳的刚性支座。强肋骨将舱段整体分割成两个部分，应该按分割后的两部分舱段长度分别进行失稳计算。

③横舱壁间舱段总体失稳——强肋骨失稳。当强肋骨的刚度小于其临界刚度时，强肋骨将连同壳板和普通肋骨一起，在横舱壁之间失稳，如图 5-8(c)所示。

(3) 无任何肋骨加强。

对于长度和直径相对较小的圆柱舱，壳板刚性已足够大，有时无须肋骨加强即可同时满足强度和稳定性要求。对于无任何肋骨加强的圆柱壳，仅存在横舱壁间的壳板失稳形式，且为舱段总体失稳。

(4) 仅有一根强肋骨加强。

对于仅允许舱内布置肋骨的圆柱壳，较多数量的内肋骨会给舱内设备布置及拆装带来麻烦，为保证圆柱壳稳定性，可仅布置一根强肋骨。此时，圆柱壳包含两种失稳形式：强肋骨与横舱壁间壳板失稳(局部舱段失稳)和强肋骨失稳(舱段总体失稳)。

为保证圆柱壳在设计工作压力下不致出现失稳破坏，需要对采用某一种加强形式的所有失稳形式进行校验，只有确认任意一种失稳形式均不会出现，才满足设计要求。

2) 圆柱壳稳定性分析

根据前述圆柱壳失稳形式，可按结构将圆柱壳失稳分为三种：肋骨失稳、强肋骨失稳和壳板失稳。

(1) 肋骨失稳。

① 对于仅采用普通肋骨加强的圆柱壳，肋骨失稳即横舱壁间舱段总体失稳。

由李兹法可确定环肋圆柱壳舱段总体失稳的理论临界压力 P_e (石德新 等, 1997)：

$$P_e = \frac{\frac{E_D}{r^3}(n_0^2-1+m_0^2\alpha^2)^2 + \frac{E\delta_p}{r} \cdot \frac{m_0^4\alpha^4}{(m_0^2\alpha^2+n_0^2)^2} + \frac{EI}{r^3 l_r}(n_0^2-1)^2}{n_0^2 - 1 + 0.5 m_0^2 \alpha^2} \quad (5\text{-}13)$$

式中，方程右边分子中从左到右各项分别表示壳板抗弯刚度、壳板抗压刚度和肋骨抗弯刚度对理论临界压力 P_e 的影响。其中，$\alpha = \pi r / L_{shell}$，$L_{shell}$ 表示圆柱壳舱段长度；E_D 为壳体的抗弯刚度；m_0、n_0 为失稳时沿圆柱壳长度方向形成的半波数和沿圆周方向形成的整波数，由式(5-13)取最小值的条件可确定数值大小；I 为肋骨截面惯性矩。

由于肋骨失稳时，与其直接相连的壳板必然一起变形，因此与肋骨抗弯刚度有关的项 I 不能仅指肋骨自身截面惯性矩，还应包含一定宽度 b_l 的附连壳板，如图5-9所示，b_l 与肋骨间距、壳板厚度、壳体半径、材料性质、载荷大小等诸多因素相关。严格来讲，每个肋骨跨度的壳板，只有它的一小部分参与肋骨抗弯刚度，即

$$b_l = \varepsilon l_r$$

式中，ε 为小于1的系数，称为有效系数。

因此，肋骨截面惯性矩 I 表示的是肋骨与附连壳板的联合截面惯性矩，可由式(5-14)计算得：

$$I = I_0 + \frac{b_l \delta_p^3}{12} + \left(y_0 + \frac{\delta_p}{2}\right)^2 \frac{b_l \delta_p F_0}{b_l \delta_p + F_0} \quad (5\text{-}14)$$

式中，I_0 为肋骨型材的自身惯性矩；y_0 为肋骨型材中和轴距壳体内表面距离；F_0 为肋骨型材剖面积；b_l 为附连壳板宽度。

实际计算表明，有效系数 ε 的大小不同，对附连壳板(也称为带板)宽度 b_l 有明显影响，对计算肋骨惯性矩 I 的影响要小一些，对计算理论临界压力 P_e 的影响就相当小，最后经过修正，对实际临界压力 P_{cr} 的影响就微不足道。因此，目前普遍近似取 $b_l = l_r$，即带板宽度取一个肋骨间距宽度。

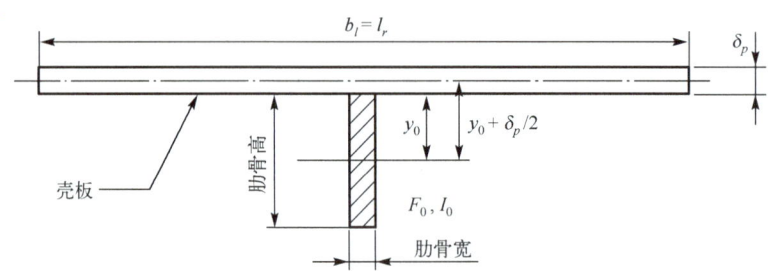

图 5-9 计及附连壳板的肋骨截面惯性矩计算示意图

在常用的尺度范围内,通常 $m_0=1$ 时可得到最小的 P_e 值,故式(5-13)可简化为

$$P_e = \frac{\dfrac{E_D}{r^3}(n_0^2-1+\alpha^2)^2 + \dfrac{E\delta_p}{r} \cdot \dfrac{\alpha^4}{(\alpha^2+n_0^2)^2} + \dfrac{EI}{r^3 l_r}(n_0^2-1)^2}{n_0^2-1+0.5\alpha^2} \qquad (5\text{-}15)$$

式中,n_0 为由 P_e 最小条件确定的正整数,计算时可分别将 n_0=2,3,4,…代入式(5-15),计算相应的 P_e 值,取其中的最小者。

②对于由普通肋骨和一根强肋骨加强的圆柱壳,肋骨失稳为强肋骨与横舱壁间舱段失稳,校验时分别以 L_a 和 $L_{\text{shell}}-L_a$ 替代 L_{shell} 计算,即分别令 $\alpha=\pi r/L_a$ 和 $\alpha=\pi r/(L_{\text{shell}}-L_a)$ 进行计算,就可以求得这两部分舱段总体失稳的理论临界压力。

(2)强肋骨失稳。

①对于由普通肋骨和一根强肋骨加强的圆柱壳,强肋骨失稳即横舱壁间舱段总体失稳,可由李兹法确定横舱壁间圆柱壳舱段总体失稳的理论临界压力 P_e(石德新 等,1997):

$$P_e = \frac{1}{n_0^2-1+0.5\alpha^2}\left\{\frac{E_D}{r^3}(n_0^2-1+\alpha^2)^2 + \frac{E\delta_p}{r} \cdot \frac{\alpha^4}{(\alpha^2+n_0^2)^2} + \frac{E(n_0^2-1)^2}{r^3}\left[\frac{I}{l_r} + \frac{2(I_k-I)}{L_{\text{shell}}}\sin^2\frac{\pi L_a}{L_{\text{shell}}}\right]\right\}$$

(5-16)

式中,$\alpha=\pi r/L_{\text{shell}}$;$n_0$ 为由 P_e 最小条件确定的正整数,在大多数情况下,$n_0=2$;I_k 为强肋骨计及 2 倍肋距壳板宽度的惯性矩(图 5-10),计算公式如下:

$$I_k' = I_{k0} + \frac{b_k \delta_p^3}{12} + \left(y_k + \frac{\delta_p}{2}\right)^2 \frac{b_k \delta_p F_k}{b_k \delta_p + F_k} \qquad (5\text{-}17)$$

式中,I_{k0} 为强肋骨型材相对于自身截面中和轴的惯性矩;y_k 为强肋骨型材中和轴距壳体内表面距离;F_k 为强肋骨剖面积;$b_k=2l_r$。

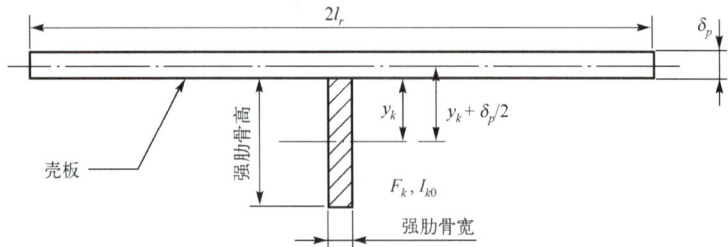

图 5-10 计及带板宽度的强肋骨惯性矩计算示意图

式(5-16)右边方括号内第一、二项分别表示普通肋骨抗弯刚度和强肋骨抗弯刚度对理论临界压力的影响。

②如果仅有一根强肋骨而无普通肋骨的圆柱壳,由于没有普通肋骨加强,可将式(5-16)中表示普通肋骨影响的项消去,此时横舱壁间圆柱壳舱段总体失稳的理论临界压力 P_e 计算式为

$$P_e = \frac{1}{n_0^2 - 1 + 0.5\alpha^2} \left[\frac{E_D}{r^3}(n_0^2 - 1 + \alpha^2)^2 + \frac{E\delta_p}{r} \cdot \frac{\alpha^4}{(\alpha^2 + n_0^2)^2} + \frac{E(n_0^2 - 1)^2}{r^3} \cdot \frac{2I_k'}{L_{shell}} \cdot \sin^2\frac{\pi L_a}{L_{shell}} \right] \quad (5-18)$$

式中,I_k' 为计及带板宽度 b_k 的强肋骨惯性矩,取 $b_k = L_a$ 代入式(5-17)计算获得;n_0 为由 P_e 最小条件确定的正整数。

(3)壳板失稳。

①对于普通肋骨加强的圆柱壳,当肋骨刚度超过其临界刚度时,在均匀外压作用下,圆柱壳将首先在肋骨之间丧失壳板稳定性。这时,肋骨将保持自身正圆形不变,成为壳板的刚性支座周界。壳失稳时沿母线方向的半波长等于肋骨间距 l_r。鉴于上述特点,仅需令式(5-15)中 $I = 0$,并以 l_r 取代 L_{shell},即可求得肋骨间壳板失稳公式为

$$P_e = \frac{\frac{E_D}{r^3}(n_0^2 - 1 + \alpha^2)^2 + \frac{E\delta_p}{r} \cdot \frac{\alpha^4}{(\alpha^2 + n_0^2)^2}}{n_0^2 - 1 + 0.5\alpha^2} \quad (5-19)$$

式中,$\alpha = \frac{\pi r}{l_r}$;$n_0$ 为由 P_e 最小条件确定的正整数。

与式(5-15)相比,式(5-19)中仅剩壳板抗弯刚度和壳板抗压刚度对理论临界压力的影响。

②对于仅有一根强肋骨加强的圆柱壳,壳板失稳即为强肋骨与横舱壁间舱段局部失稳,校验时分别以 L_a 和 $L_{shell} - L_a$ 替代 l_r,即分别令 $\alpha = \pi r/L_a$ 和 $\alpha = \pi r/(L_{shell} - L_a)$ 进行计算,就可以求得这两部分舱段总体失稳的理论临界压力。

③对于无任何肋骨加强的圆柱壳,壳板失稳即为横舱壁间的舱段总体失稳,校验时以 L_{shell} 替代 l_r,即令 $\alpha = \pi r/L_{shell}$ 进行计算,就可以求得舱段总体失稳的理论临界压力。

3)临界压力修正

前面讨论了采用肋骨加强的圆柱壳的稳定性问题,给出了它们的理论临界压力 P_e 的计算公式,但是试验结果表明,各类壳体的实际临界压力 P_{cr} 都低于理论值 P_e。产生这种误差的因素很多,主要包括以下两个方面。

(1)在实际建造过程中,耐压壳体总是存在初始挠度,从而在均匀外压力作用下,将引起壳体内的附加弯曲应力,这种附加弯曲应力促使壳体提前失稳,因此这种误差是偏于危险的。

(2)壳体材料的弹性模量 E 并不是始终保持不变的。在实际应用中,当壳体中的应力超过比例极限时,弹性模量 E 就已下降,使得临界压力也下降,所以这种误差也是偏于危险的。

基于上述原因在进行实际的计算中,需根据式(5-20)对理论临界压力进行修正,从而

得到实际临界压力为

$$P_{cr} = C_g C_s P_e \tag{5-20}$$

式中，C_g 为考虑了壳体有初始挠度对壳体稳定性不利影响的修正系数，其值取决于圆柱壳失稳形式，中国船级社规范已给出了不同情况下的取值，可直接使用。

C_s 为材料物理非线性修正系数，即考虑到材料不符合虎克定律对壳体稳定性不利影响的修正系数，可根据 σ_e/σ_s 值查阅规范（中国船级社，2018）图谱获得。其中，σ_e 表示壳板理论临界应力，具体计算式详见后面内容；σ_s 为材料屈服强度。不同材料对 C_s 曲线的影响不大，其中屈服极限 σ_s 的大小基本没有影响。因此，C_s 可作为 σ_e/σ_s 的函数，根据相应图谱曲线拟合，得到如下计算式：

$$C_s = 0.3\arctan\left[-1.4924\left(\frac{\sigma_e}{\sigma_s}-1.5\right)\right] + 0.0053\left(\frac{\sigma_e}{\sigma_s}\right)^{-1} + 0.0969\times 3^{-\frac{\sigma_e}{\sigma_s}} + 0.6616 \tag{5-21}$$

4）圆柱壳稳定性校验

根据上述分析结果，对于承受外压的圆柱壳体的稳定性校验，按圆柱壳加强形式分为四种情况，具体计算如下（中国船级社，2018）。

(1) 仅有普通肋骨加强的圆柱壳。

① 肋骨间壳板临界失稳压力：

$$P_{cr} = 0.75 C_s P_e \tag{5-22}$$

式中，P_e 可由式(5-19)确定，其中 $\alpha = \dfrac{\pi r}{l_r}$；$C_s$ 可由式(5-21)计算得到，其中 $\sigma_e = P_e r/\delta_p$。

所得临界失稳压力应满足：

$$P_{cr} \geq P_j \tag{5-23}$$

② 横舱壁间舱段临界失稳压力：

$$P_{cr} = 0.83 C_s P_e$$

式中，P_e 可由式(5-13)确定，其中 $\alpha = \dfrac{\pi r}{L_{\text{shell}}}$；$C_s$ 可由式(5-21)计算得到，其中有

$$\sigma_e = \frac{P_e r}{\delta_p + F_0/l_r}$$

式中，F_0 为普通肋骨横剖面积。

所得临界失稳压力应满足：

$$P_{cr} \geq 1.2 P_j$$

(2) 普通肋骨与一根强肋骨加强的圆柱壳。

① 肋骨间壳板临界失稳压力计算与校验方法与式(5-22)、式(5-23)一致。

② 强肋骨与横舱壁间局部舱段临界失稳压力：

$$P_{cr} = 0.83 C_s P_e \tag{5-24}$$

式中，P_e 可由式(5-15)确定，其中 $\alpha = \begin{cases} \pi r / L_a \\ \pi r / (L_{\text{shell}} - L_a) \end{cases}$，$L_a$ 为强肋骨与横舱壁间距离，且 $L_a \leqslant L_{\text{shell}} - L_a$；$C_s$ 可由式(5-21)计算得到，其中 $\sigma_e = \dfrac{P_e r}{\delta_p + F_0 / l_r}$。

所得临界失稳压力应满足：
$$P_{cr} \geqslant 1.2 P_j \tag{5-25}$$

③横舱壁间舱段临界失稳压力：
$$P_{cr} = 0.83 C_s P_e \tag{5-26}$$

式中，P_e 可由式(5-16)确定，其中 $\alpha = \dfrac{\pi r}{L_{\text{shell}}}$；$C_s$ 可由式(5-21)计算得到，其中有
$$\sigma_e = \dfrac{P_e r}{\delta_p + \dfrac{\sum F_0 + F_k}{L_{\text{shell}} - l_r}}$$

式中，$\sum F_0$ 为所有普通肋骨横剖面积之和；F_k 为强肋骨横剖面积。

所得临界失稳压力应满足：
$$P_{cr} \geqslant 1.3 P_j \tag{5-27}$$

(3) 无任何肋骨加强的圆柱壳。

横舱壁间壳板临界失稳压力：
$$P_{cr} = 0.75 C_s P_e \tag{5-28}$$

式中，P_e 可由式(5-19)确定，其中 $\alpha = \dfrac{\pi r}{L_{\text{shell}}}$；$C_s$ 可由式(5-21)计算得到，其中 $\sigma_e = \dfrac{P_e r}{\delta_p}$。

所得临界失稳压力应满足：
$$P_{cr} \geqslant 1.2 P_j \tag{5-29}$$

(4) 仅有一根强肋骨加强的圆柱壳。

①强肋骨与横舱壁间壳板临界失稳压力：
$$P_{cr} = 0.75 C_s P_e \tag{5-30}$$

式中，P_e 可由式(5-19)确定，其中 $\alpha = \begin{cases} \pi r / L_a \\ \pi r / (L_{\text{shell}} - L_a) \end{cases}$；$C_s$ 可由式(5-21)计算得到，其中 $\sigma_e = \dfrac{P_e r}{\delta_p}$。

所得临界失稳压力应满足：
$$P_{cr} \geqslant 1.2 P_j \tag{5-31}$$

②横舱壁间舱段临界失稳压力：
$$P_{cr} = 0.83 C_s P_e \tag{5-32}$$

式中，P_e 可由式 (5-16) 确定，其中 $\alpha = \dfrac{\pi r}{L_{\text{shell}}}$；$C_s$ 可由式 (5-21) 计算得到，其中

$$\sigma_e = \dfrac{P_e r}{\delta_p + \dfrac{F_k}{L_{\text{shell}} - 0.5 L_a}}。$$

所得临界失稳压力应满足：

$$P_{cr} \geq 1.3 P_j \tag{5-33}$$

5.3.3 球形耐压壳设计

1. 应力计算与校验

球形壳体承受均匀外压时，可以保持其球形受到均匀的压缩，此时均匀中面压应力为

$$\sigma = \dfrac{P_0 r}{2\delta_p} \tag{5-34}$$

式中，P_0 为均匀外部压力；r 为球壳中面半径；δ_p 为球壳厚度。

根据中国船级社规范，并考虑到安全储备的要求，球壳壳板应力 σ 为

$$\sigma = \dfrac{P_j r}{2\delta_p} \tag{5-35}$$

式中，P_j 为计算压力，取 1.5 倍的最大工作压力。

为保证不发生强度破坏，所得球壳体壳板应力 σ 应满足：

$$\sigma \leq 0.85 \sigma_s \tag{5-36}$$

式中，σ_s 为材料的屈服极限。

2. 球壳的稳定性

如果压力超过某一极限值，受压壳体的球形平衡状态将变为不稳定，从而导致球壳失稳破坏。假设耐压球壳满足如下条件：①材料均匀；②各向同性；③有完善几何球形；④无初始应力；⑤应力应变关系是线性，则根据由 R.Zoelly 于 1915 年用小变形假设推导出的理论公式，可得球壳失稳破坏压力为

$$P_e = \dfrac{2E}{\sqrt{3(1-\nu^2)}} \left(\dfrac{\delta_p}{r}\right)^2 \tag{5-37}$$

式中，E 为材料弹性模量；ν 为材料泊松比；δ_p 为球壳厚度；r 为球壳中面半径。

式 (5-37) 为受压球壳失稳的最早理论公式，是经典理论值。然而，要满足上述假设条件几乎是不可能的，例如，在实际锻造中很难获得完善几何球形，并且在焊接和机加结构中也很难消除残余应力。均匀外压作用下球壳的稳定性试验结果也表明，失稳压力远小于

式(5-37)所给出的计算值，一般仅是它的 1/4～1/3，而且失稳破坏是突然发生的。为了证明理论与实际的这一差别，人们进行了大量的试验和理论分析，得到一些实用的计算公式。

(1) 美国海军实际临界压力公式。

20 世纪 60 年代，美国海军以 A.Krenzke 为首的小组在泰勒水池对 200 多个球壳模型进行试验，认为计算球壳临界压力值应考虑如下因素：①加工偏差对局部半径的影响；②非弹性失稳的影响；③制造效应。A.Krenzke 等提出按下式来计算球壳临界压力值：

$$P_{cr} = 0.84 C_z \sqrt{E_s E_t} \left(\frac{\delta_{cr}}{r_{cr}} \right)^2$$

式中，C_z 为制造效应的影响系数，可查有关图表；E_s、E_t 分别为材料的割线模量和切线模量；δ_{cr} 为临界弧长上的壳板平均厚度；r_{cr} 为球壳外表面的局部曲率半径。

(2) 俄罗斯船级社规范中给出的实际临界压力公式 (Russian Maritime Register of Shipping，2018)

$$P_{cr} = \eta_s \frac{2E}{\sqrt{3(1-\nu^2)}} \left(\frac{\delta_p}{r} \right)^{22}$$

式中，η_s 为考虑到初始挠度、材料不均匀性和材料物理非线性的修正系数，计算式较复杂，可查阅其规范；E 为材料弹性模量；ν 为材料泊松比；δ_p 为球壳厚度；r 为球壳中面半径。

(3) 中国船级社规范中给出的临界压力公式为

$$P_{cr} = C_s C_z P_e \tag{5-38}$$

式中，P_e 为理论临界压力，且有 $P_e = 0.84 E C^2$，C 可根据 δ_p / r 值查阅规范图谱获得，也可由对应图谱拟合公式 $C = 1.6536 \times (\delta_p / r)^{1.2162}$ 计算获得；C_s 为材料物理非线性修正系数，可根据 σ_u / σ_s 值查阅规范图谱获得，也可根据拟合公式(5-21)计算得到；C_z 为考虑制造效应影响的修正系数，可根据 σ_e / σ_s 值查阅规范中图谱获得，为计算方便，将规范中图谱曲线进行拟合，获得 C_z 计算式：

$$C_z = \begin{cases} 0.2613 \arctan\left(0.6452 \frac{\sigma_e}{\sigma_s}\right) + 0.2498 \times 2^{-0.0730 \left/ \left(\frac{\sigma_e}{\sigma_s}\right)^5 \right.} + 0.3153 \times 11^{0.2286 / \frac{\sigma_e}{\sigma_s}} \\ \quad - \frac{0.2144}{\left(\frac{\sigma_e}{\sigma_s} + 1.9331\right)^3} - 0.7141 \times 3.5^{\frac{\sigma_e}{\sigma_s}} + 0.0807, \qquad \frac{\sigma_e}{\sigma_s} < 3.0 \\ 0.96, \qquad\qquad\qquad\qquad\qquad\qquad\qquad\qquad\qquad \frac{\sigma_e}{\sigma_s} > 3.0 \end{cases} \tag{5-39}$$

式中，$\sigma_e = \frac{P_e}{2C}$。

我国规范仅适用于钢质耐压壳，且下潜深度不超过 600m。规范要求承受外压力的球

形耐压壳体实际屈曲压力应满足:

$$P_{cr} \geqslant P_j \tag{5-40}$$

5.4 水下机器人非耐压结构

非耐压结构是指 AUV 上不承受静水压力的结构,其通常将耐压壳体包围在内部,也称为外部结构。非耐压结构主要由外部流线型壳板(蒙皮)、内部框架、浮力材料等组成,与耐压壳体一起决定着 AUV 的外形和结构形式,其主要作用如下。

(1) 提供光顺或流线型的外形,以提高 AUV 在水中运动时的水动力性能,减小航行阻力。

(2) 为设置在耐压壳外的设备提供支撑和机座。

(3) 保护耐压壳以及在耐压壳外的设备,防止它们直接与外界物体碰撞。

与耐压壳体相比,非耐压结构的最大不同之处在于不需要构成密闭的常压空间。当 AUV 潜入水中时,非耐压结构内部进水,并与外部的海水相连通,因而内外压力平衡,所以结构本身不承受海水的压力作用,因此其不要求有耐压壳那样高的强度,但要保证 AUV 在吊放及航行中的结构强度。

5.4.1 外形与结构形式

AUV 的非耐压结构形式随主尺度、下潜深度、使命任务和航速的不同而不同。

对于主尺度较小(直径不超过 533mm)的小潜深(100~300m)AUV,通常没有非耐压结构,直接由耐压壳来构成它的外形,耐压壳一般是由圆柱形耐压壳、艏艉锥形形耐压壳组成,如 GAVIA 和 REMUS 100 等 AUV。有些 AUV 也采用圆柱形耐压壳和非耐压结构组合的形式,如哈尔滨工程大学的 WL-3 型 AUV(图 5-11),艏艉部分为非耐压结构,中间为圆柱形耐压壳,非耐压结构部分主要是为了搭载独立承压密封的水下设备,如水下摄像机、声呐、承压电机及舵机等。

图 5-11 WL-3 型 AUV

对于潜深较大(大于 300m)或主尺度较大的 AUV,由于使用全耐压壳结构会使艇体重量过大、加工成本过高,一般采用非耐压结构和耐压壳的组合形式,尺度相对较小的耐压壳布置在非耐压结构内。为减小航行阻力,非耐压结构外表面采用具有光滑外形或流线型的蒙皮(图 5-12),或直接采用具有流线外形的浮力材料。

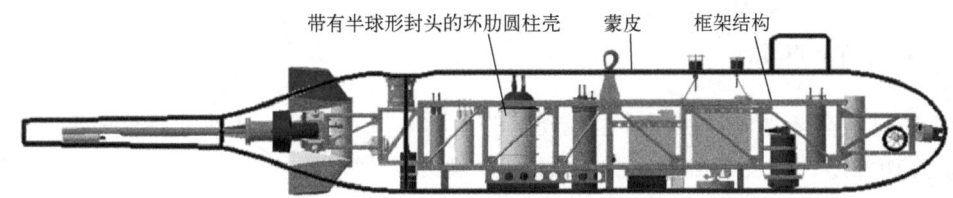

图 5-12 采用立体框架结构的 AUV

目前常用的非耐压结构的形式主要是立体框架形式，如图 5-12 所示。该结构中主要受力部件是梁柱杆件，周围的壳板、蒙皮、浮力材料等不承受主要载荷，仅提供流线外形以减小艇体航行阻力，因此蒙皮可以采用易于成型、重量较轻的复合材料制造，而且可以由许多块板组成，这些板通过螺钉与骨架相连。这样的结构便于将整个或者部分蒙皮移去，进行设备的安装和维护，而不会影响结构的整体强度。

5.4.2 材料选择

目前，在 AUV 非耐压结构中，蒙皮较多地采用可设计性强、抗疲劳和耐腐蚀能力好的玻璃纤维和碳纤维等材料，也有部分 AUV 仍然采用铝合金板材制作蒙皮。框架结构多选用铝合金材料，以减小艇体的总重量，部分 AUV 在铝合金框架受力较大位置采用钛合金进行加强，如吊点处。大型 AUV 由于尺寸、重量较大，也会采用高强度钢制作 AUV 主框架，局部采用铝合金材料。

5.4.3 设计要求

非耐压结构设计的主要目标：在满足使命要求和结构强度的前提下，获得的结构重量最轻，成本最低。因此，外部结构设计应首先在给定的外形下获得最轻结构重量，并且材料和结构形式应能承受规定载荷。然后，考虑非结构因素（如成本、维护等），进行综合性能优化和平衡。这个设计流程的优点是使设计师能定量地评估重量优化与成本优化之间的关系。

AUV 非耐压结构在设计中要考虑以下几个因素。

1. 强度要求

由于非耐压结构强度要求不如耐压壳那样严格，故在已有的与 AUV 相关的规范中，都没有对非耐压结构设计、设计载荷、强度计算方法、制造要求等关键技术做明确的规定，但是非耐压结构根据实际应用仍需满足一定的强度要求。

在布放过程中，海水不能迅速进入非耐压结构内部而使得蒙皮外部承受一定水压；无人艇随波浪摇摆产生的加速度会增加 AUV 主框架及吊点受力。在回收过程中，在重力及起吊加速度作用下，非耐压结构内部的海水使蒙皮内表面承受压力；未能及时排出的海水、起吊及无人艇摇摆加速度增加了 AUV 主框架及吊点的受力。此外，在操作失当及恶劣海况下，AUV 与母船也可能发生碰撞，因而也要求非耐压结构局部能够承受一定的碰撞载荷；大尺度 AUV 在近水面或水面航行时，也会受到波浪力而产生总纵弯曲。

2. 蒙皮的外形要求

AUV 蒙皮外表面是按照艇体型线光顺的,所以按制造工艺和性能要求都不应当在外表面设置加强筋、凸台等结构,以免损害其光顺的外形。

3. 防腐要求

采用金属材料的非耐压结构,内外表面要与海水直接接触,并且经常处于干湿交替状态,因此它的腐蚀问题比较突出,设计时需重点考虑。

4. 制造、安装及总布置要求

整体而言,蒙皮不是关键件,而是易损件,故要求蒙皮局部损坏后能够便于拆换。此外,轻外壳内部有较多的设备,这就要求蒙皮便于安装、拆卸以利于内部设备维护。

与蒙皮连接的金属框架的安装位置要根据 AUV 内部结构总布置来确定,因而不能任意布置,要求蒙皮与安装支架能配合良好。

基于上述制约,在设计过程中,通常对蒙皮进行合理划分,分块制造,然后将每块蒙皮分别安装到框架上形成一个整体。在划分区域时,应遵守如下原则。

(1) 易损区域和局部加强区域单独分块。

(2) 在考虑蒙皮安装便利的基础上应尽量减少蒙皮分块,分块较多会产生大量接缝和固定螺栓等,影响蒙皮整体表面光滑,增大航行阻力。

(3) 考虑内部设备拆装维修便利性。

5.5 结构防腐蚀设计

5.5.1 防腐蚀设计的概念和基本方法

防腐蚀设计是指在进行机械设计时,应考虑防腐蚀方面的要求,并进行合理的设计,以减轻或消除腐蚀可能造成的危害,或者对已发生腐蚀破坏的机械结构加以改进。在防腐蚀设计过程中,需综合应用材料学、化学、力学、物理学、工程学和生物学等有关学科方面的知识和技术,并考虑到设备实际服役工况对设备功能的影响以及可能的腐蚀失效,进行复杂周密的分析和综合,按照设备功能和工作特性要求,制定方案,并使之付诸实施。防腐蚀设计所涉及的内容主要有:①材料的选择及其加工制造工艺的规定;②防腐蚀结构设计与强度设计;③防腐蚀方法的选择与设计;④设备预期寿命概率和可靠性分析。

对于采用金属材料的海洋机器人来说,在海洋恶劣的工作环境里,会受海洋大气中的盐雾腐蚀、海水的化学腐蚀、不同金属在海水中的电位差腐蚀、海水的应力腐蚀和金属零件之间的间隙腐蚀等多种腐蚀作用,因此若不考虑这些因素,将会大大缩短机器人的使用寿命,甚至使系统发生故障,从而降低其工作的可靠性,所以海洋机器人在设计和制作时必须考虑防腐蚀措施。通常采用的方法包括改善腐蚀环境和介质、涂层保护法、电化学保护法、采用减轻腐蚀的结构设计等几种方法，下面分别加以介绍。

5.5.2 涂层保护法

涂层保护法是采用有机涂层和无机涂层将被保护表面与侵蚀介质隔绝，是常用的防腐方法。

有机涂层常采用涂料涂层和塑料涂层。涂料涂层是防止金属在海洋环境中腐蚀的常用方法。对于在海水中的金属结构来说，要求涂料有良好的附着力、耐水性、耐久性、抗腐蚀性。其中，环氧沥青防锈漆、煤焦沥青防锈漆、氯化橡胶防锈漆都是常用的防腐蚀漆。在喷涂防锈漆之前，钢结构表面要经喷砂处理，以增强涂料与构件表面的附着力。聚乙烯、聚氯乙烯等塑料涂层常用在小型构件上。例如，水下机械手的手臂铝框架做强阳极化处理后，表面再涂以塑料涂层。

无机涂层是一种以无机材料为主要成膜物质的镀层或涂料，通常用于防腐和保护基体材料。无机涂层具有多种优点，包括耐候性、不燃性、透气性、不含杀菌剂等特点。早期无机涂层主要是金属镀层和非金属镀层，常采用电镀、喷镀、磷化等方式实现，在水下机器人上也有应用，但实际效果不太理想。随着技术进步，目前的无机涂层通常由无机聚合物和经过分散活化的金属、金属氧化物纳米材料、稀土超微粉体等组成，能够与基体表面快速反应，生成具有物理和化学双重保护作用的涂层，保护效果明显提升。

5.5.3 电化学保护法

1. 牺牲阳极保护法

为保护其他金属而自身被腐蚀的金属或合金称为牺牲阳极。海洋结构物中常用的牺牲阳极有锌合金、铝合金、镁合金三种，通常要视被保护的金属类别而选择使用。

海洋机器人，尤其是水下机器人，由于浸水面积比较小，从费用方面考虑，选用锌合金作牺牲阳极比较有利。镁合金牺牲阳极产生的电流较大，有可能损害涂膜，而锌合金牺牲阳极有自动调节产生电流的功能，一般不损坏涂膜。另外，采用电化学保护，不一定要对整个浸水表面都进行防腐蚀，通常是针对防腐涂料容易磨损的地方以及一些重要部位施加电化学保护。同时，对于结构和形状复杂的水下机器人，若进行全面的电化学防护，需要相当多的牺牲阳极，往往受到重量和安装位置间距的限制，且确定牺牲阳极的尺寸和安放位置也是很困难的，一般情况是把牺牲阳极装在容易安装和拆换的位置。

2. 外加电流阴极保护法

外加电流阴极保护法的原理：通过将外加直流电源的负极接于被保护金属，正极接于辅助阳极，当电路接通后，电流从阳极经海水至被保护金属，使被保护的金属变成阴极而得到保护。

外加电流阴极保护系统具有体积小、重量轻、使用寿命长的优点，并可随外界条件的变化而自动调节保护电流，控制保护体电位在最佳允许范围内。由于需要备有控制输出低压直流电的供电设备，所以这种保护方法一般不被海洋机器人所采用，而多用在船舶或大型海洋结构物上。

5.5.4 减轻腐蚀的结构设计

减轻腐蚀的结构设计主要包括以下几方面。

(1)减轻缝隙腐蚀。

在水下机器人结构设计中，应消除容易使海水滞留的地方，因此要求结构尽可能简单，最好采用圆筒形结构。容器出口管及容器底部的结构设计应便于排尽容器内液体及沉积物，防止浓差电池腐蚀及沉积物腐蚀，避免狭缝。在机械结构上，相邻两壁间有足够的空间，尽可能采用焊接结构而不采用铆接结构，在焊接时最好用对焊、连续焊，少采用或不采用间断焊、搭接焊，并用锡焊、敛缝或涂层等将缝隙封闭起来，用黏结来代替通常采用的过盈配合连接和键连接，从而消除轴和轮毂之间的间隙，用密封材料填充连接零部件之间的缝隙，使缝隙中的零部件表面与腐蚀介质很好地隔开，螺钉连接处加塑料保护盖，法兰连接处的密封垫片不宜伸向管道或容器内侧，防止出现缝隙腐蚀或孔蚀，采用恰当的密封，用玻璃钢保护轴的外露段和轴锥体。

(2)减轻焊接对腐蚀的影响。

焊接对腐蚀的影响主要有以下方面。

①焊接时的焊接缺陷、残余应力、金属组织对腐蚀有一定的影响。通常采用的方法是设计正确的焊接工艺及焊后打磨清渣处理。

②热影响区组织变化对腐蚀的影响。焊接接头由焊缝、熔合区和热影响区三部分组成。焊缝两侧呈固态的母材因受热的影响而金相组织和力学性能发生变化的区域称为热影响区。热影响区范围越小，则焊接产生的内应力越大，更易于出现裂纹，造成缝隙腐蚀，故焊接时需加大热影响区的范围，但热影响区范围过大，易出现工件变形等缺陷。

(3)减轻应力腐蚀。

对于减轻应力腐蚀，可从以下几方面考虑。

①铸造对腐蚀的影响。一般来说，铸钢件比轧材的耐腐蚀性要差一些。其主要原因在于铸造质量较差，缩孔、缩松、气孔、砂眼等铸造缺陷易引起腐蚀渗漏而使材料报废。此外，铸件厚薄不均匀的地方，由于冷却速度不同而产生的内应力过大易产生裂纹。常采用的预防方法：改进铸造工艺，严格控制磷、硫含量，结构设计中避免出现尖角，厚度变化要有过渡，避免突变。

②热变形对腐蚀的影响。由于金属在不同温度下变形后的组织和性能不同，因此在塑性变形加工中，有冷变形与热变形之分。冷变形易产生较大的残余应力，对腐蚀有较大影响，常采用热处理操作进行处理。热变形一般引起的残余应力较小，但加热不均匀和不适当的操作可能产生一定危险的残余应力。

③拉应力腐蚀。在构件受力而产生拉力的部分容易产生应力腐蚀，因此要对重要构件进行非破坏检查，发现可能存在的裂纹，并设法消除裂纹缺陷。在结构设计中，应尽量减小构件表面拉应力，加大表面压应力。

(4) 减轻接触腐蚀。

两种构件连接在一起，应避免存在缝隙。若缝隙不可避免，则应采用密封填料或涂漆方法对缝隙加以密封，以避免缝隙腐蚀。若两种不同金属的构件相连接，则由于金属的电位差不同，在海水中就会产生电化学腐蚀，所以为了减少不同金属的接触腐蚀，在结构设计上，应使两个相互接触的活性金属(阳极金属)和非活性金属(阴极金属)的面积比尽可能小。此外，为了尽量减小两个接触金属间的局部电池作用，两金属表面应采用涂层保护，或在两接触金属间加以绝缘材料，切断引起电化学腐蚀的电路。也可以在两金属间插入换取容易且电位比两种金属都低的第三种金属作为牺牲阳极实行电化学保护。

思 考 题

1. 从减重的角度，简述选择海洋机器人结构材料需着重考虑的因素。
2. 简述充油水密舱的组成及抗压原理。
3. 简述球形耐压壳和圆柱形耐压壳的优缺点。
4. 简述肋骨对环肋圆柱壳的影响。
5. 结构防腐蚀方法有哪些？各自优缺点是什么？

第 6 章 海洋机器人辅助及支持系统

海洋机器人辅助系统是指能够辅助海洋机器人更好地完成任务或提高海洋机器人某方面性能或完善其功能的子系统或部件，这些子系统或部件对于海洋机器人来说不是必须存在的。本章主要介绍几种水下机器人上的辅助系统，包括浮性调节系统、无动力潜浮驱动系统和 AUV 应急系统。

海洋机器人支持系统主要是其布放回收系统，用于保障海洋机器人顺利开展海上任务。本章主要介绍水面无人艇和自主水下机器人常用的海上布放回收方式方法。

6.1 水下机器人浮性调节系统

虽然水下机器人设计时已完成了浮性矫正，但机器人在下水作业时浮性可能发生变化，主要原因有：①机器人释放了非零浮力载荷，如重于水的水雷、轻于水的通信浮标等，导致其失去浮性平衡；②机器人周围水体密度发生变化，导致浮力与重力不再平衡；③艇体结构及设备受水的温度和压力影响会出现弹性变形，如热胀冷缩、高压下耐压结构或物体体积被压缩，导致排水体积发生变化，进而失去浮性平衡。

为了补偿由水体参数（压力、温度）及排水体积的变化而引起的剩余浮力（正的或负的），水下机器人上一般要设置浮力调节系统，使之能在一定范围内调节潜水器浮力。浮力调节系统一般通过两种方式来实现潜水器的浮力调节：一种是重力/浮力调节，这类情况主要是重力和浮力不相等引起的；另一种是姿态调节，这类情况主要是机器人重心和浮心不在同一铅垂线上引起的。

6.1.1 重力/浮力调节

水下机器人的重量 W 和浮力 B 可表示为

$$W = \sum_{i=1}^{N} W_i, \quad \Delta = \rho g \sum_{j=1}^{M} \nabla_j \tag{6-1}$$

式中，W_i 为第 i 个部件的重量；∇_j 为第 j 个部件的排水体积。因此，重力/浮力调节有以下两种策略。

(1) 重量不变，调节浮力：

$$W' = \Delta' = \rho g(\nabla \pm \delta\nabla) \tag{6-2}$$

式中，$\delta\nabla$ 为可调节的浮力。

(2) 浮力不变，调节重量：

$$\Delta' = W' = W \pm \delta W \tag{6-3}$$

式中，δW 为可调节的重量。

目前，水下机器人上用到的重力/浮力调节主要有可变形油囊式浮力调节、可调压载水箱式重力调节、海水活塞缸浮力调节、索节锚重力调节等四种手段。

1. 可变形油囊式浮力调节

可变形油囊调节装置是利用油囊的柔性，向油囊充入或从油囊吸出油液就可以实现油囊排水体积的改变，从而调节油囊的浮力大小。如图6-1所示，油囊式浮力调节系统主要由下列部件组成：能承受最大深度压力的油箱、橡皮囊、油液驱动设备（如油泵、活塞缸等）、阀件和管系等。当所有油都在耐压油箱内时，橡皮囊受到压缩，排水体积最小，系统具有最小的正浮力。当把油抽到橡皮囊内时，系统的排水体积增加，由于重量始终不变，正浮力就增加。当油全部从耐压油箱内抽出时，系统获得最大的正浮力。当油从橡皮囊内往回抽时，情况正好相反。

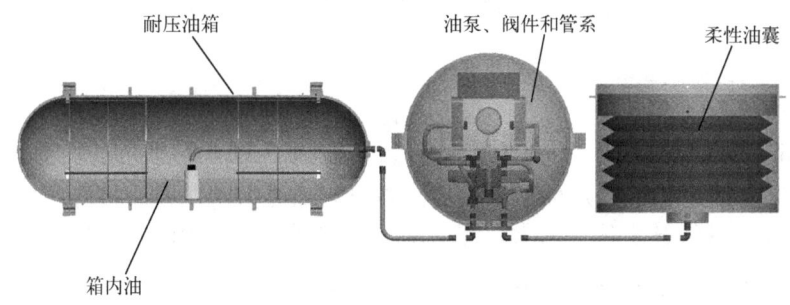

图 6-1　可变形油囊式注排油系统示意图

浮力调节的数值由注入或抽出的油量决定，油囊的最大容积一般是在设计时确定的。油囊由弹性材料做成，尺寸和形状根据耐压壳与非耐压壳之间的空间而定。

油囊式浮力调节系统主要优点：应用的油压元件具有较高的可靠性；油压元件标准化程度高，可成套组装、结构紧凑，较水介质系统更容易实现；一般选用液压油，无腐蚀性，对器件更友好；液压油不受外部海水中杂质影响，不容易损坏器件；调节量小，更容易精准控制。

但油囊式浮力调节系统还存在一些问题：油液一直存储于水下机器人中，在不使用时就成为了"废重"，占用载荷搭载能力，一般仅用在调节需求相对较小的中小型水下机器人中；受限于器件性能，调节速度相对较小；油液及油压系统受水压力影响较大，大压力会影响系统的浮力调节功能。

2. 可调压载水箱式重力调节

在水下机器人上设置耐压水箱，其容积等于最大浮力调节量。如图6-2所示，需要调节时用海水泵等动力装置将水箱内的水排出，或者从外界向水箱内注水，使水下机器人的重量产生变化，以此来调节重力和浮力关系。

可调压载水箱式重力调节是潜水器上经常采用的一种重力/浮力调节方式。其优点在于调节能力强(调节速度快、调节范围大)、适用深度大、不存在"废重"。然而,海水液压元件直接暴露在海水中,对器件耐腐蚀性、耐磨损性要求更高,需要解决的技术问题较多,使用寿命短,研制费用相对高。海水液压元件较多,且元件较笨重。

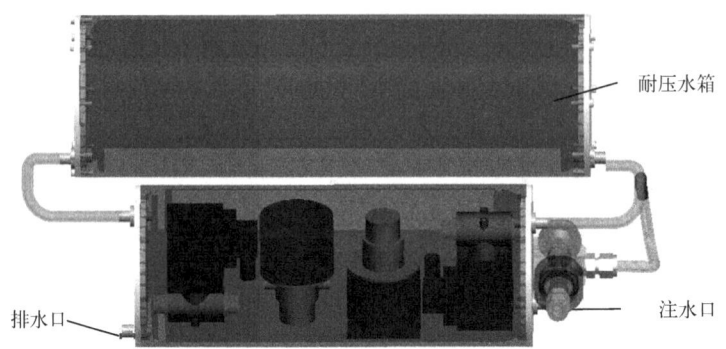

图 6-2 可调压载水箱式注排水系统

3. 海水活塞缸浮力调节

图 6-3 所示为海水活塞缸浮力调节装置原理图,活塞一端与海水相通,另一端由推杆驱动,利用活塞的进退实现排水体积的改变。需要增加浮力时,驱动推杆,推杆将活塞顶出至位置 L_1 处,系统排水体积增大,浮力增大。需要减小浮力时,推杆退出后活塞缩回至 L_2 处,体积缩小,浮力减小。最大的浮力调节量为

$$\delta V = \frac{\pi D^2}{4} \cdot \Delta L \tag{6-4}$$

式中,D 为活塞缸内直径;ΔL 为活塞可移动的最大距离。

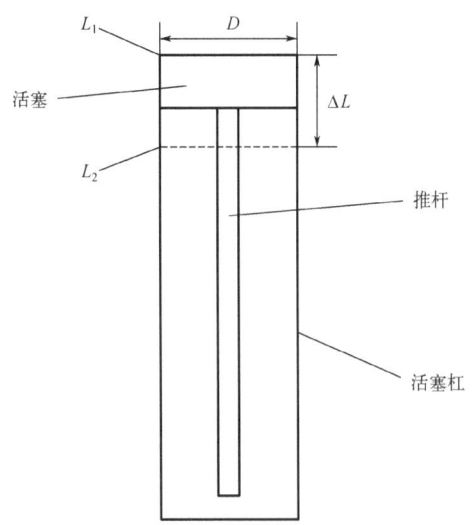

图 6-3 海水活塞缸浮力调节示意图

海水活塞缸浮力调节的优点在于调节速度快、结构简单、不存在"废重"。其缺点也

很明显：采用活塞动密封形式，加工和使用要求高；海水中杂质会破坏活塞动密封结构，系统寿命低，可靠性较差，不适合长期使用。

4. 索节锚重力调节

在大深度水底作业的水下机器人，由于无法在水面精准调节其在海底时的重、浮力平衡状态，可以用索节锚来调整其水底平衡状态。索节锚由一定长度的、重量沿长度均匀分布的锚索组成（如锁链）。当锚底部未接触水底时，机器人的重力大于浮力，当锚有一段长度接触海底时会使机器人失去锚的这部分重量，从而可保持重、浮力平衡，如图6-4 所示。当锚索长度为 $L_{锚索}$，其单位长度密度为 $\rho_{锚索}$，与海底接触长度为 $\Delta L_{锚索}$ 时，此时重力与浮力平衡，浮力为

$$F_{浮} = M_{AUV}g + \rho_{锚索}(L_{锚索} - \Delta L_{锚索}) \tag{6-5}$$

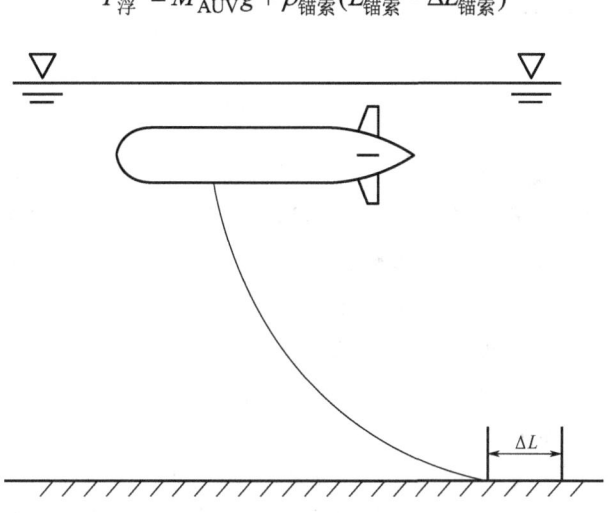

图 6-4 索节锚重力调节示意图

采用这种方式，即可以用不同的锚索长度来控制离海底的高度，也可以简单、快速、准确地调整重浮力平衡。其缺点是需要水下机器人一直拖着锚索航行，增大了航行阻力；如果海底地形复杂，锚索可能被卡住，会给机器人带来危险；这种方式要求机器人在水中时重力大于浮力，直到锚索触底，如果水中静重力过大，锚索过短，可能导致 AUV 下潜过程中直接触底，带来危险。

6.1.2 姿态调节

姿态调节系统的主要目的是改变水下机器人重心或浮心的位置。其措施包括两种：一种是将机器人上的重物从某一位置搬移到另一位置；另一种是在机器人的一个位置释放重物或浮力部件。后一种措施由于是不可重复的，故使用相对较少。

目前用到的姿态调节方式主要有以下几种：移动耐压舱内重物（主要是电池）；外部水银转移；分布式布置的可调压载水舱，不等量注水；细小金属丸压载不等量抛弃。这些不同的方法，有的十分简单，如移动电池调节；有的十分复杂，如水银纵倾调节。

1. 移动电池调节

水下机器人的姿态(即其在水中的倾斜和旋转状态)受其重心和浮心位置的影响。通过移动内部电池的位置，可以改变重心，从而调节机器人在水中的姿态，如图6-5所示。例如，当电池沿 x 轴移动时，机器人的重心会前后偏移，此为纵倾调节。同样，电池绕 x 轴旋转可以使机器人左右倾斜。

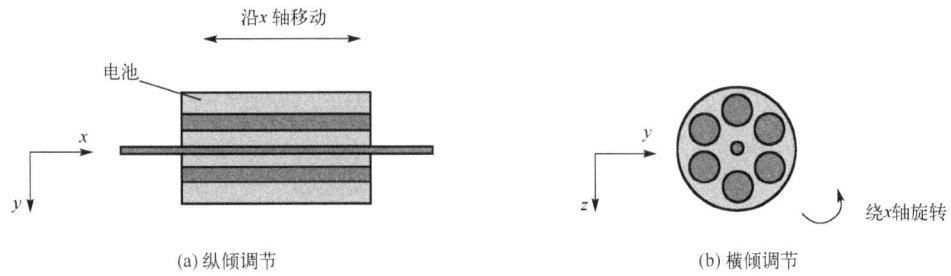

图6-5 电池姿态调节系统

其具体实现步骤包括以下几点。①在水下机器人内部设计一条或多条轨道，电池组可以沿着这些轨道移动。电池组可以是沿前后方向移动的，也可以旋转的，或者是一个复杂的三维轨道系统，允许电池在多个方向上移动。②利用电动机或其他驱动装置来控制电池在轨道上的移动。驱动装置需要精确控制，以确保电池能够精确地移动到所需的位置。③机器人配备多种传感器，如加速度计、陀螺仪和深度传感器等，用于实时监测机器人的姿态和位置。基于传感器数据，控制系统计算出所需的电池位置调整量，并驱动电池移动机构进行调整。

移动电池调节的优点：①精确控制。通过移动电池调节重心可以实现对机器人姿态的精确控制。②能量效率高。相比于使用推进器或其他能量消耗大的方式，移动电池调节姿态更加节能。③灵活性强。可以在不依赖外部条件的情况下，迅速进行姿态调整，适应各种复杂的水下环境。

2. 水银纵倾调节

水银纵倾调节系统利用水银相对密度大的特点，调拨一定量的水银，可使水下机器人获得较大的纵倾，为了增大纵倾力臂，水银容器尽可能靠近艏艉，如图6-6所示。

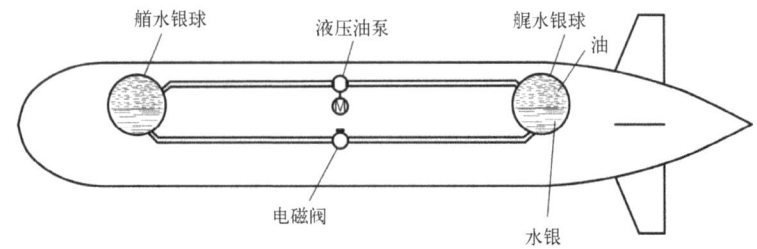

图6-6 水银纵倾调节系统示意图

其具体实现步骤包括以下几点。①在水下机器人内部设计一个或多个封闭的容器和通道,这些通道通常是前后方向的。水银被封装在这些容器中,可以在通道内流动。②驱动水银移动的机制可以是电动泵或其他液压装置。通过控制水银在通道内的位置,改变机器人的重心位置。③机器人配备了姿态传感器(如加速度计和陀螺仪)来实时监测其前后倾斜角度。控制系统根据传感器数据计算出需要的水银移动量,并控制驱动机制来调整水银位置。

3. 分布式可变压载水舱调节

分布式可变压载水舱系统通过注入或排出水和空气来改变水下机器人的浮力,如图 6-7 所示。浮力的调节主要通过以下两种方式实现:向压载水舱内注入水增加重量,使机器人下沉;排出水并注入空气减轻重量,使机器人上浮。通过调整不同位置水舱的充满程度,可以改变机器人的重心,从而调节其姿态。

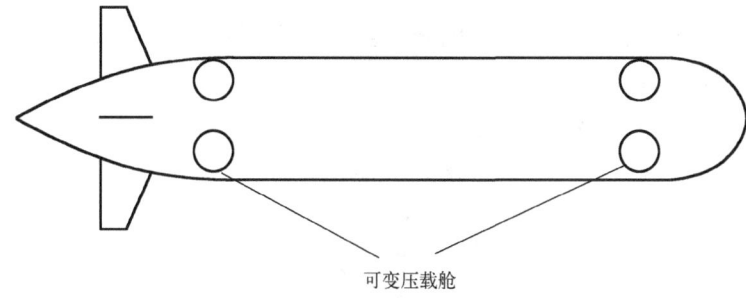

图 6-7 可变压载水舱调节俯视图

4. 细小金属丸可调抛载系统

细小金属丸可调抛载系统利用金属丸的高密度特性,通过控制这些金属丸的释放来改变机器人的总重量和重心位置。这种方法允许精确和快速地调节浮力和姿态。

如图 6-8 所示,在"曲斯特"号潜水器上,直径 2.6mm 铁丸放在用钢板焊成的筒内,底部做成漏斗形,直径为 40mm 的出口上绕有线圈,通电后产生磁性,铁丸被磁化后堵塞在出口处。如果通电中断,铁丸以 50kgf/min 的速度自由往下散落。

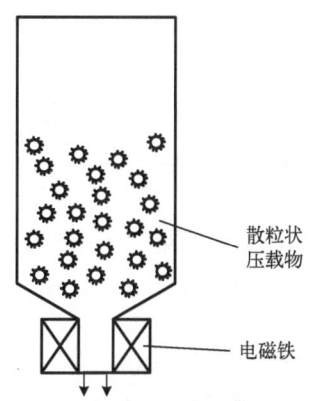

图 6-8 金属丸可调抛载系统示意图

6.2 水下机器人无动力潜浮驱动系统

对于大潜深 AUV 或需要频繁潜浮运动的水下滑翔机等水下机器人，如果使用传统的基于螺旋桨的推进系统，用于直接驱动水下机器人完成垂直面的下潜或上浮运动，功耗将会比较大，进而导致机器人尺寸、重量、成本等都会增加。而采用无动力的重力或浮力驱动方式，则可以大大降低这部分功耗。

6.2.1 无动力潜浮驱动条件

水下机器人在水中处于浮性平衡状态时，满足：

$$W = \rho g \nabla \tag{6-6}$$

若浮性平衡状态被破坏，则水下机器人会下潜或上浮。由式(6-6)可知，水下机器人无动力潜浮驱动条件如下。

(1) 无动力下潜时，应满足：

$$W + \delta W > \rho g \nabla \tag{6-7}$$

或

$$W > \rho g (\nabla - \delta \nabla) \tag{6-8}$$

式(6-7)表示重力驱动，式(6-8)浮力驱动。

(2) 无动力上浮时，应满足：

$$W - \delta W < \rho g \nabla \tag{6-9}$$

或

$$W < \rho g (\nabla + \delta \nabla) \tag{6-10}$$

式(6-9)表示重力驱动，式(6-10)表示浮力驱动。

重、浮力驱动又可分为可重复驱动和不可重复驱动。

6.2.2 可重复驱动方式

可重复驱动系统是指能够多次重复调节浮力和重力，实现多次上浮和下潜的系统。可重复式重力/浮力调节驱动方式最大的优势就是在单个潜次内，可以重复调节重、浮力，使用效率高，同时兼具浮性平衡调节功能。但由于器件较多，且需要往复使用，对调节系统的可靠性和稳定性要求比较高，用于大潜深高价值目标时，需要冗余备份使用。目前，常用的可重复驱动方式主要是以下三种。

1. 可变形油囊浮力驱动

可变形油囊浮力驱动通过改变柔性油囊内的油量来改变油囊排水体积，进而改变水下机器人的总浮力。这种驱动方式主要应用于长续航的中小型水下机器人，如长航程 AUV、水下滑翔机、ARGO 浮标等。当将柔性油囊内的油吸入刚性承压油舱后，浮力小于重力，机器人开始下潜；当油从刚性承压油舱排入油囊后，浮力大于重力，机器人开始上浮。采用可变形油囊浮力驱动装置的水下机器人潜浮工作过程如图 6-9 所示。

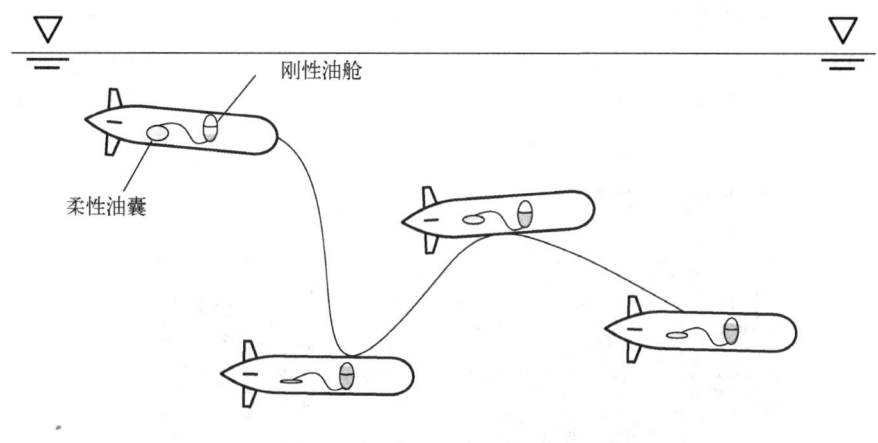

图 6-9 可变形油囊浮力驱动示意图

2. 可调压载水舱重力驱动

可调压载水舱重力驱动系统通过控制水和空气的进出，改变水舱内的水量，以调节机器人的总重量。增加水量可以使机器人下沉，减少水量可以使机器人上浮。通过精确控制水量，还可以调节机器人的姿态。

如图 6-10 所示，水舱通常设计在机器人的两侧、前后或底部，以实现均衡调节和稳定控制。水舱一般由防腐材料制成，以防止海水腐蚀。通过水泵将水注入或排出压载水舱。水泵的功率和效率决定了水流的速度和系统的响应时间。阀门用于控制水和空气的进出。阀门的开关状态决定了水舱的进水或排水过程。

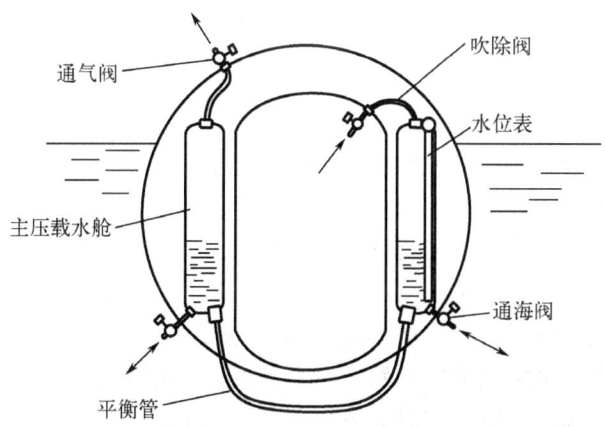

图 6-10 有通海阀的压载水舱系统示意图

6.2.3 不可重复驱动方式

不可重复驱动系统是指一次性调节重力和浮力，实现单次上浮或下潜的系统。这类系统通常用于一次性任务或紧急情况下的快速浮升。不可重复式驱动主要通过水下机器人上的多级抛载来改变重浮力平衡，实现潜浮驱动，作业过程如图 6-11 所示。不可重复使用的抛载驱动方式的最大优势是结构简单、稳定可靠、安全性高，因此是目前大深度潜水器应用最多的一种无动力潜浮驱动方式。其缺点是调节为单向，过程不可逆，单个潜次内无法循环使用，一旦压载全部抛弃，潜水器不得不上浮。

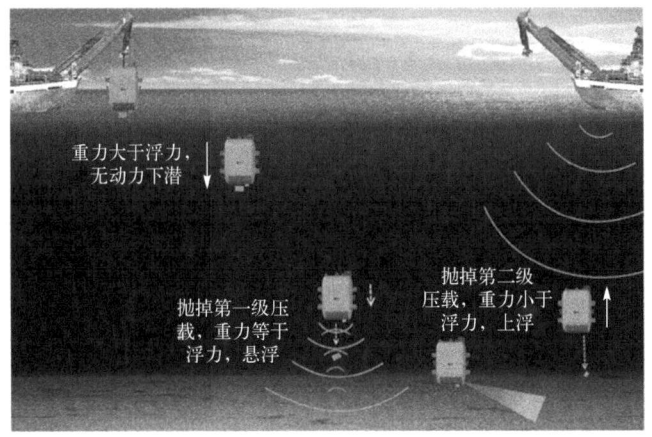

图 6-11 全海深 AUV——"悟空"号无动力潜浮过程示意图

6.3 自主水下机器人应急系统

AUV 应急系统是为了在发生故障或紧急情况时，能够保证 AUV 安全返回水面或为快速确认位置提供示位信息。应急系统设备主要有三种类型：主动自救、被动自救和应急示位。

1. 主动自救

主动自救主要指当 AUV 自主感知或判断出危险，如超深、漏水、超时等情况时，向自救抛载机构主动发出抛载指令，从而实现紧急上浮自救。

首先，AUV 配备传感器和监控系统，能够检测到自身的故障(如推进器故障、电池故障、通信丢失等)。一旦检测到故障，AUV 将自动启动应急程序。例如，尝试重启故障组件或切换到备用系统。如果问题无法解决，AUV 会立即发送抛载指令上浮。这里所说的抛载与无动力潜浮驱动中用到的抛载系统是一致的，只不过应用的场景有所差别，如"悟空"号上搭载的上浮抛载系统，同时兼具主动自救功能。

2. 被动自救

被动自救主要是为了提高 AUV 安全性，为 AUV 配备一套与 AUV 主控系统相对独立的抛载装置，主要有无源抛载、水面控制的自带能源的有源抛载。

当 AUV 出现诸如超深、超时等危险而无法自主感知时，无源抛载装置就是最后一道自救手段。由于不需要艇载能源驱动，出现危险时不致失效，存在的主要问题是触发条件误差较大。目前用到的无源抛载装置有纯机械定时抛载机构、基于压力爆破片的无源超深抛载机构。

水面控制的自带能源的有源抛载是指声学释放器。该装置自带能源，与 AUV 之间没有任何电气连接，因此不会受到 AUV 故障的影响。使用时，由水面监控人员判断 AUV 是否存在危险，并通过水面端来发送抛载指令。

3. 应急示位

AUV 由于自身系统故障，如通信中断、定位故障、系统断电、抛载失效等，其无法"告知"支持母船自身位置，甚至无法出水。因此，常采用与 AUV 主控系统独立的设备提供辅助定位信息，协助找寻 AUV。

应急示位装置主要包括水面示位装置，如铱星信标、频闪灯、无线电定位装置等；水下示位装置，如 Pinger 等水下声信标。

6.4 海洋机器人海上布放回收

海洋机器人布放回收系统是确保水面无人艇和水下机器人在海洋环境中安全、高效开展任务的重要支持设备。

海洋机器人布放回收技术涵盖了将机器人从船上或其他载具安全地布放到水面或水下特定位置，并在任务完成后将其回收的各种方法。这些技术的选择和应用取决于任务要求、机器人种类、环境条件以及操作设备的限制。

6.4.1 水面无人艇布放回收

水面无人艇(USV)的布放回收技术可以分为两大类：垂直式布放回收和水平式布放回收。每种方式都有不同的方法，如图 6-12 所示。

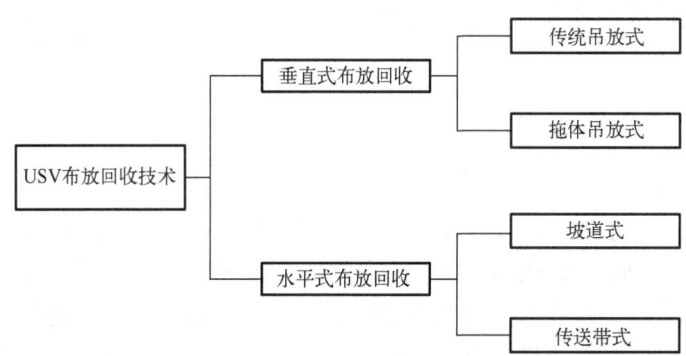

图 6-12 水面无人艇布放回收方法

1. 垂直式布放回收

1) 传统吊放式

传统吊放式方法即利用船上通用或专用吊机直接布放回收 USV。船上通用吊机主要有悬臂吊、折臂吊和 A 形架，使用时要充分考虑吊机的起吊能力，包括起吊重量、伸出舷外距离等。专用吊机则指专门针对船载 USV 尺寸、重量定制的布放回收吊机系统，如美国海军濒海战斗舰上使用的顶挂滑道吊放回收系统，如图 6-13 所示，这种方法通常适用于尺寸较大的无人艇，特别是在海况较为复杂的环境中。

采用传统吊放方式回收 USV 时，需要人员进行挂钩，实际操作复杂、人员风险高。

图 6-13 顶挂滑道吊放回收 USV

2) 拖体吊放式

拖体吊放式方法是对传统吊放装置的改进，在进行布放和回收时，不再直接将吊钩挂在小艇上，而是固定在托体上。布放时，先将小艇置放在托体上，然后由吊放装置将托体连同小艇一起降落到水中。入水后，托体和小艇所受浮力及相对速度不同，自然分离，小艇离开托体后可自由行动；回收时，小艇直接驶入托体没入水面的位置，控制人员在适当时机使吊放装置升起，托体携带小艇上升，完成回收过程。这种方式避免了人员挂钩操作，安全性更高。

2. 水平式布放回收

1) 坡道式

坡道式布放回收主要依赖舰艇现有的船艉坡道进行操作，如图 6-14 所示。这种方法在布放和回收 USV 时，使用船艉的倾斜坡道将 USV 快速滑入水中，或通过同样的路径将其从水中拖回舰艇。坡道式方法海况适应能力强，回收速度快，可航行中布放回收。但系统稍显复杂，需对母船进行改造，要求 USV 自主对准、挂接。

2) 传送带式

该系统类似于货物传送装置，在传送坡道中间安装了一些大间隔、具有弹性的传送皮带，不仅可在母船艉部水下作业时最大程度地减小阻力，也允许 USV 直接航行到弹性皮带上，实现了 USV 柔性回收，并通过倾斜式传送系统将 USV 拖离水面返回母船。

图 6-14　坡道式布放回收

6.4.2　自主水下机器人布放回收

自主水下机器人（AUV）的布放回收可以分为两大类：水面布放回收和水下布放回收。目前 AUV 采用的布放回收方法如图 6-15 所示。

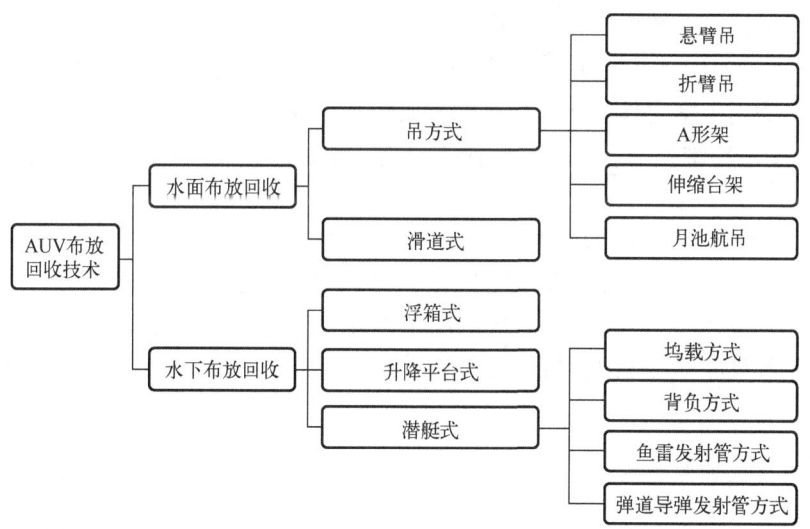

图 6-15　自主水下机器人布放回收方法

1. 水面布放回收方式

水面布放回收是指通过船只或其他浮动平台将水下机器人布放至水面，或从水面上回收至母船。这类方法可以用于绝大多数的海洋机器人，包括 USV、AUV 和 ROV。AUV 水面布放回收主要包括吊放式方法和滑道式方法。

1) 吊放式

吊放式方法主要利用船上不同类型的吊机将水下机器人吊放至水中或从水面回收。这种方法适用于多种类型的水下机器人，如 AUV 和 ROV。其优点是无须定制专门设备，操作简单；缺点是回收时需要额外挂钩操作，安全风险高。可供水下机器人布放回收的船载吊机主要有悬臂吊、折臂吊、A 形架、伸缩式台架等。

吊放式方法在水下机器人布放回收技术中占有重要地位，适用于小型到中大型的各种水下机器人。每种类型的吊放式方法都有其独特的优点和适用范围，选择合适的方法需要综合考虑任务需求、机器人类型、操作环境和设备条件。随着技术的不断发展，这些方法将会变得更加高效和安全，为海洋探测和作业提供更强有力的支持。

2) 滑道式

滑道式方法是专门布放回收 AUV 的一种常见方法，主要通过设置在船只或平台上的滑道将 AUV 滑入水中或从水中回收。这种方法通常用于需要快速布放或回收 AUV 的情况，特别是在紧急作业或频繁布放回收的任务中。滑道的设计需要考虑以下几个方面。

(1) 滑道长度和角度。滑道的长度和角度决定了 AUV 的滑行速度和轨迹。通常，滑道的角度设计为可以控制 AUV 滑入水中的速度，避免因速度过快而损坏设备。

(2) 滑道表面。滑道表面通常覆盖有光滑材料或设有滚轮，以减少摩擦，使 AUV 能够顺利滑行。滑道表面材料必须耐腐蚀、防滑且耐用，以适应海洋环境的恶劣条件。

(3) 安全装置。滑道通常配备安全装置，如锁定机构、导向装置和缓冲装置，以确保 AUV 在滑行过程中保持稳定并安全进入水中。

滑道式方法的优点：①布放和回收速度快。滑道式方法可以在短时间内快速布放和回收 AUV，适用于紧急作业和高频率的布放回收任务。②结构简单。滑道的设计和构造相对简单，制造和维护成本较低。③操作简便。滑道式方法的操作相对简便，易于培训和使用。

滑道式方法的缺点：①受海况影响。滑道式方法在恶劣海况下可能不够稳定，AUV 滑行过程中可能受到海浪和船只晃动的影响。②适用范围有限。滑道式方法主要适用于中小型 AUV，不适合过于庞大或复杂的设备。③滑道长度和角度受到限制。滑道的长度和角度受船只或平台空间的限制，可能无法适应所有类型的 AUV 和布放回收需求。

2. 水下布放回收方式

水下布放回收技术适用于将水下机器人布放到水下特定深度，或从水下回收。这种方法通常用于深海探测、海底作业等复杂任务。水下布放回收技术包括浮箱式方法和潜艇式方法。

1) 浮箱式

浮箱式方法通过母船吊机将浮箱其放入水中，浮箱则充当 AUV 或 ROV 的基站，负责 AUV/ROV 布放回收，以及提供充电、数据交换的作用。AUV 所用的浮箱通常为长条形，且出坞口呈现喇叭状，而 ROV 的浮箱则通常为箱形，这些差异都是为了方便机器人进出。浮箱式方法可有效保障水下机器人布放回收中的安全，但要求 AUV 能够自主进出浮箱，技术较复杂。

2) 潜艇式

潜艇式布放方法利用潜艇作为搭载平台，将水下机器人安全、精确地布放到水下指定位置，或从水下指定位置回收。这种方法能够应对复杂的海洋环境，适用于各种类型的水下机器人。潜艇式布放方法按水下机器人在潜艇上的布放位置，分为坞载方式、背负方式、鱼雷发射管方式和弹道导弹发射管方式。

思 考 题

1. 影响水下机器人浮性平衡发生变化的因素有哪些？
2. 简述浮性调节系统的原理及各自的优缺点。

思考题参考答案

读者扫描下面的二维码可以查看并下载思考题的参考答案。

下载参考答案

参 考 文 献

艾赛拉占·拉萨克里斯南, 李松晶, 2022. 流体力学基础: 英汉对照版[M]. 北京: 科学出版社.
曹宏涛, 张奇峰, 唐实, 2021. 国际援潜救生及深海打捞ROV现状与关键技术[J]. 舰船科学技术, 43(23): 16-20.
陈开权, 2014. REMUS-6000无人水下机器人[J]. 水雷战与舰船防护, 22(2): 79-80.
胡浩, 2010. 我国水下机器人发现海底巨大"黑烟囱"[J]. 机器人技术与应用(3): 32.
黄明泉, 徐景平, 施林炜, 2021. ROV在海洋油气田开发中的应用及展望[J]. 海洋地质前沿, 37(2): 77-84.
黄琰, 李岩, 俞建成, 等, 2020. AUV智能化现状与发展趋势[J]. 机器人, 42(2): 215-231.
李硕, 刘健, 徐会希, 等, 2018. 我国深海自主水下机器人的研究现状[J]. 中国科学: 信息科学, 48(9): 1152-1164.
梁波, 赵宏宇, 王楠, 2022. 水下机器人在中国的早期发展[J]. 科学, 74(3): 53-56, 69.
桑恩方, 庞永杰, 卞红雨, 2003. 水下机器人技术[J]. 机器人技术与应用(3): 8-13.
石德新, 王晓天, 1997. 潜艇强度[M]. 哈尔滨: 哈尔滨工程大学出版社.
舒珺, 2018-04-25. "潜龙三号"第二次深海航行破自主潜器记录[N]. 中国科学院科技日报.
许竞克, 王佑君, 侯宝科, 等, 2011. ROV的研发现状及发展趋势[J]. 四川兵工学报, 32(4): 71-74.
佚名, 2009. 自主式水下航行器——Hugin 3000 AUV[J]. 船电技术, 29(7): 68.
张溟酥, 王涛, 苗建明, 等, 2023. 水下无人航行器的研究现状与展望[J]. 计算机测量与控制, 31(2): 1-7, 40.
张铁栋, 2011. 潜水器设计原理[M]. 哈尔滨: 哈尔滨工程大学出版社.
中国船级社, 2018. 潜水系统和潜水器入级规范[R]. 北京: 中国船级社.
朱继懋, 1992. 潜水器设计[M]. 上海: 上海交通大学出版社.
BUSBY R F, 1983. 遥控潜水器[M]. 王道炎, 译. 北京: 海洋出版社.
ADAMS A A, CHARLES P T, VEITCH S P, et al., 2013. REMUS 100 AUV with an integrated microfluidic system for explosives detection[J]. Analytical and bioanalytical chemistry, 405(15): 5171-5178.
AOKI T, TSUKIOKA S, MURASHIMA T, et al., 2003. Deep sea unmanned underwater vehicles in JAMSTEC[C]//International Society of Offshore and Polar Engineers, Honolulu.
BURCHER R, RYDILL L, 1998. Concepts in submarine design[M]. 2nd ed. Cambridge: Cambridge University Press.
CLARKE G E, 1988. The choice of propulsor design for an underwater weapon[R]. London: Undersea Defence Technology conference.
COPROS T, SCOURZIC D, 2011. Alister–rapid environment assessment AUV (autonomous underwater vehicle)[C]// Global Change: Mankind-Marine Environment Interactions, Dordrecht: 233-238.
CRÉTÉ P A, LEONG Z Q, RANMUTHUGALA D, RENILSON M R, 2017. The effect of hull form on the optimum L/D ratio for minimum resistance for submerged bodies[C]//Proceedings of the PACIFIC 2017 International Maritime Conference. Maritime Australia, 1-11.
DOWDESWELL J A, EVANS J, MUGFORD R, et al., 2008. Autonomous underwater vehicles (AUVs) and investigations of the ice–ocean interface in Antarctic and Arctic waters[J]. Journal of glaciology, 54(187): 661-672.
ERIKSEN C C, OSSE T J, LIGHT R D, et al., 2001. Seaglider: a long-range autonomous underwater vehicle

for oceanographic research[J]. IEEE Journal of Oceanic Engineering, 26(4): 424-436.

FERGUSON J S, 1998. The Theseus autonomous underwater vehicle. Two successful missions[C]//Proceedings of 1998 International Symposium on Underwater Technology, Tokyo: 109-114.

GERTLER M, 1950. Resistance experiments on a systematic series of streamlined bodies of revolution: for application to the design of high-speed submarines[R]. Baltimore: David W Taylor Model Basin.

KIM K, URA T, 2014. A cruising AUV r2D4: intelligent multirole platform for deep-sea survey[J]. Journal of robotics and mechatronics, 26(2): 262-263.

LEONG Z Q, RANMUTHUGALA D, RENILSON M R, 2015. Resistance as a function of L/D ratio characteristics for various axisymmetrical hull forms[D]. Launceston: Australian Maritime College.

LIST T, 2011. International towing tank conference recommended procedures and guidelines, ship models[R]. Rio de Janeiro: International Towing Tank Conference.

MOONESUN M, KOROL Y, 2017. Naval submarine body form design and hydrodynamics[M]. Saarbrücken: Lambert Academic Publishing.

MYRING D F, 1976. A theoretical study of body drag in subcritical axisymmetric flow[J]. Aeronautical quarterly, 27(3): 186-194.

RENILSON M, 2018. Submarine hydrodynamics[M]. 2nd ed. Berlin: Springer International Publishing AG.

Russian Maritime Register of Shipping, 2018. Rules for the Classification and Construction of Manned Submersibles and Ship's Diving Systems[R]. Moscow: Russian Maritime Register of Shipping.

SANJANA S, 2019. Autonomous underwater vehicle[J]. International journal of science and research, 8(8), 706-709.

SHERMAN J, DAVIS R E, OWENS W B, et al., 2001. The autonomous underwater glider "spray"[J]. IEEE journal of oceanic engineering, 26(4): 437-446.

SIMONETTI P, 1992. Slocum glider: design and 1991 field trials[R]. Falmouth: Woods Hole Oceanographic Institution.

SIMONETTI P, 1998. Low cost endurance ocean profiler[J]. Sea technology(39): 17-21.

STOMMEL H, 1989. The Slocum mission[J]. Journal of oceanography, 2(1): 22-25.

URA T, OBARA T, 1999. Twelve hour operation of cruising type AUV "R-One Robot" equipped with a closed cycle diesel engine system[C]//Oceans '99. MTS/IEEE. Riding the Crest into the 21st Century. Conference and Exhibition. Conference Proceedings, Seattle, WA: 1188-1193.

WARREN C L, THOMAS M W, 2000. Submarine hull form optimization case study[J]. Naval engineers journal, 112(6): 27-39.